A Intenção Primeira

Eduardo Moreira

A Intenção Primeira

Um ensaio sobre a natureza do real

Prefácio
Leonardo Boff

3ª edição

Rio de Janeiro
2023

Design de capa: Anderson Junqueira
Imagem de capa: MARK GARLICK/SPL/Getty Images

Texto revisado segundo o Acordo Ortográfico da Língua Portuguesa de 1990.

Direitos desta edição adquiridos pela
EDITORA CIVILIZAÇÃO BRASILEIRA
Um selo da
EDITORA JOSÉ OLYMPIO LTDA.
Rua Argentina, 171 — Rio de Janeiro, RJ — 20921-380
Tel.: (21) 2585-2000.

CIP-BRASIL. CATALOGAÇÃO NA PUBLICAÇÃO
SINDICATO NACIONAL DOS EDITORES DE LIVROS, RJ

M837i
3. ed.

Moreira, Eduardo
A Intenção Primeira: um ensaio sobre a natureza do real / Eduardo Moreira. – 3. ed. – Rio de Janeiro : Civilização Brasileira, 2023.
176 p.

ISBN 978-65-5802-092-9

1. Filosofia – Ensaios. 2. Pensamentos. I. Título.

23-83301

CDD: 869.4
CDU: 82-4(81)

Gabriela Faray Ferreira Lopes – Bibliotecária – CRB-7/6643

Impresso no Brasil
2023

SUMÁRIO

PREFÁCIO
DEIXAR A PRÓPRIA PISADA

Leonardo Boff*

* Teólogo, filósofo e escritor membro da Iniciativa Internacional da Carta da Terra.

Ao ler este livro de Eduardo Moreira, vieram-me à mente uns versos do grande poeta espanhol Antonio Machado (1875-1939), que fugiu da repressão franquista para não ter a mesma sorte de García Lorca, assassinado. No exílio no sul da França escreveu *Cantares*, um conjunto de versos inolvidáveis. Cito apenas este trecho:

> Faz algum tempo neste lugar
> onde os bosques se vestem de espinhos
> ouviu-se a voz de um poeta gritar:
> "Caminhante, não há caminho,
> faz-se caminho ao andar..."
>
> Golpe a golpe, verso a verso...

O que ressoa no corajoso e surpreendente ensaio de Eduardo Moreira: *A Intenção Primeira* é o verso de Machado: "Caminhante, não há caminho, faz-se caminho ao andar..." Eduardo fez seu caminho "golpe a golpe, verso a verso", porque era forçoso fazê-lo, senão nunca teria paz interior nem chegaria à maturidade desejada.

Quando uma pessoa se aproxima de certa e relativa plenitude de vida em termos biológicos, emocionais, intelectuais e espirituais, é tomada por uma voz interior mais forte que si mesma. Nem todos a escutam, pois precisa-se de coragem para atendê-la. Essa coragem a mostrou Eduardo. Posso exprimi-la desta forma: diga o que pensa do real; diga-o com suas palavras; revele aquilo que irrompe de sua mente e vem aquecido de seu coração; não pise a pisada que outro já fez; isso é demasiadamente fácil; a grande maioria coloca o pé na pisada do pé deixada por quem já andou; pode ser dos grandes, como de Aristóteles, de um Santo Agostinho, de um Buda, de Chuang Tzu, de um Hegel, de um Marx, de um Freud ou de contemporâneos como Derrida ou Habermas; será sempre a pisada dos outros, e não a sua; não diga o que os outros já disseram; diga a sua palavra; deixe a sua pisada no pó da estrada percorrida ao largo e ao longo de toda a sua vida; na verdade, não existe caminho nem pisada; faça você mesmo o caminho e deixe a sua pisada lá, pois não haverá outra igual na história; é só a sua.

Esse momento chegou para Eduardo Moreira. *A Intenção Primeira* demonstra sua coragem de pensar com sua própria cabeça, a partir de tudo que acumulou de experiências de vida e de vários campos do saber, e de andar com suas próprias pernas, deixando a pisada de seus próprios pés.

Não se trata de traçar aqui seu perfil biográfico. Basta dizer que foi e é uma inteligência privilegiada. Aos 15 anos entrou na universidade e alguns anos mais tarde conquistou sua pós-graduação nos Estados Unidos. Foi engenheiro, empresário, escritor, dramaturgo e banqueiro do Banco Pactual.

Mente aberta e sensível ao mundo espiritual — ó surpresa! —, foi a leitura de São João Crisóstomo, teólogo da Igreja Ortodoxa entre os séculos IV e V, que tornou Eduardo aquilo que hoje é. No livro *A riqueza e a pobreza*,* o "Boca de Ouro" — um dos maiores oradores da cristandade — apresenta um texto ainda atual, que discute com detalhes e sutilíssimo espírito crítico a situação de disparidade social.

---

* São João Crisóstomo, *A riqueza e a pobreza (Sermões)*, Rio de Janeiro, Paz & Terra, 2022.

O próprio Eduardo cuidou que o original fosse traduzido para o português e organizou um debate público pela internet com o padre Júlio Lancellotti e eu. O impacto dos seguidores foi notável.

Eduardo tomou tão a sério as admoestações de São João Crisóstomo que mudou de vida. Seu livro *Travessia: de banqueiro a companheiro* descreve isso. Companheiro não de outros banqueiros, mas das vítimas dos processos *as usual* dos bancos: companheiro dos destituídos, dos marginalizados e dos explorados.

Mergulhou no mundo da pobreza com os assentados do Movimento dos Trabalhadores Rurais Sem Terra (MST), com os perseguidos e chacinados indígenas Guarani-Kaiowá de Dourados do Mato Grosso do Sul. Não foi uma visita passageira. Foi morar com eles e sentir na própria pele a *sofrènza* da pobreza e das reais ameaças de morte.

Mas o seu *opus magnum* foi a criação, junto com o eminente sociólogo Jessé Souza, do Instituto Conhecimento Liberta (ICL) — nome inspirado no poeta e revolucionário cubano José Martí (1853–1895). Realiza por própria conta, sem qualquer subsídio, o ideal da *universitas*: a reunião de todos os saberes num mesmo espaço. No ICL se oferecem, por preços baixíssimos, quase duzentos cursos, de todo tipo, desde o mandarim até as ciências sofisticadas do mundo virtual, com milhares de bolsas oferecidas a grupos de base. Basta que alguém da família se inscreva no ICL em qualquer das formações para que toda a família possa participar do curso assinalado e de todos os demais.

Não conhecemos em nossa história pátria um intento de realizar o ideal dos Iluministas do século XVIII: o de distribuir conhecimento a todos e com ele a libertação da ignorância e de todo tipo de submetimento que a persistente "elite do atraso" (para lembrar o termo de Jessé Souza) insiste em manter a maioria da população. São milhares de inscritos do Brasil, mas também do restante da América Latina, da África e de outros países que compreendem o português. São convidados excelentes professores de nosso país e até do estrangeiro, como o mais notório pensador estadunidense, Noam Chomsky. Junto a isso, mantém um serviço televisivo de notícias e comentários políticos com notáveis analistas, pela manhã e pela noite.

Voltemos a este livro. Ele representa uma mixagem de elementos da física clássica, da mecânica quântica, da biologia, da matemática, da neurologia de outras Ciências da Terra. Não se trata de uma justaposição de elementos, mas de uma articulação entre eles, de tal forma que se constitui um enredo ou um fio condutor que liga e religa todo o seu discurso. Como Eduardo vem do mundo científico, não apresenta suas proposições como verdades confirmadas, mas como hipóteses sempre a serem refutadas — ou comprovadas e enriquecidas. Em ciência não há "verdades", mas hipóteses, que, uma vez refutadas ou confirmadas, se transformam em teorias científicas. Assim é a atitude epistemológica de Eduardo Moreira.

Não é possível aqui resumir todo o seu pensamento complexo (isso é tarefa do leitor). Eduardo parte daquilo que a nova cosmologia atualmente prefere denominar de *cosmogênese*, pois o universo está ainda em gênese, se expandindo, se complexificando, criando outras ordens superiores e se autocriando a partir do caos. Os cosmólogos afirmam que tudo provém de uma Energia de Fundo, da qual o universo, com todos os seus seres, proveio. É energia que subjaz ao inteiro universo, em nós também, no presente ato de escrever, sustentando-os na existência e permitindo-lhes a expansão/evolução.

No início chamaram essa Energia de Fundo de *Vazio Quântico*, mas de vazio ela não possui nada, pois contém todas as possibilidades e virtualidades imagináveis. É um oceano infinito e sem margens. Alguns passaram a chamá-la de *Fonte Originária de todo ser*, ou de *Abismo gerador de tudo* ou, aquela por mim preferida, *Aquele misterioso Ser que faz ser todos os seres*. Eduardo Moreira é ingenioso e a chama de *A Intenção Primeira*, o que considero até mais adequado, pois contém já no nome um projeto primordial se realizando no processo de gênese do universo.

Desse fundo misterioso e inalcançável (o muro de Planck) irrompeu um pontinho infinitamente menor que a cabeça de um alfinete, mas prenhe de energia, matéria e informação. Eduardo chama-a de *Ação Primeira*. De repente ela se inflaciona ao tamanho de uma maçã e explode (Big Bang). Isso por volta de 13,7 bilhões de anos atrás, cujo último eco pode ser ainda identificado por uma onda de baixíssima vibração, vinda de todas as direções do universo, chamada *radiação cósmica de fundo*. Os elementos desse pequeníssimo ponto são lançados em todas as direções, gerando, primeiro, as grandes estrelas vermelhas. Essas funcionaram por bilhões de anos como fornalhas em que se conceberam todos os elementos físico-químicos da escala de Mendeleiev, que estão presentes em todos os seres do universo — e também em nós.

Essas estrelas vermelhas explodiram, lançando em todas as direções seus elementos internos. Formaram os bilhões de galáxias e conglomerados de galáxias, os trilhões e trilhões de estrelas, os planetas como o nosso e também cada um de nós. Esse movimento cósmico é regido pelas quatro forças primordiais: a gravitacional, a eletromagnética, a nuclear forte e a nuclear fraca.

Elas agem sempre articuladas entre si. Não se descobriu até o momento uma explicação científica de sua natureza, até pelo fato de que precisamos delas para podermos estudá-las. Mas grandes nomes da cosmogênese, como H. Reeves, Carl Sagan, Stephen Hawking, Brian Swimme e outros, supõem que elas sejam a própria inteligência do universo, conduzindo-o a um rumo para nós totalmente desconhecido, mas sempre cada vez mais ordenado.

Por exemplo, se a força gravitacional fosse por uns mínimos segundos mais fraca, ela não se difundiria, e assim tornaria impossível o surgimento de galáxias, de estrelas e de outros seres. E nós não estaríamos aqui para falar dessas coisas. Se fosse por mínimos segundos mais forte, retornaria sobre si em explosões sobre explosões. Da mesma forma, não teria surgido o universo. A mesma coisa poderíamos dizer de cada uma das outras energias originárias que sustentam o universo e cada ser, como o mostrou Stephen Hawking em seu famoso *Uma breve história do tempo.** Carl Sagan, citado no texto: "Nós somos uma maneira de o Cosmos se autoconhecer." Quando voltamos nosso olhar fascinado às miríades de estrelas, é a própria

* Stephen Hawking, *Uma breve história do tempo*, Rio de Janeiro, Intrínseca, 2015.

Terra que através de nós contempla o inteiro universo — que, aliás, é apenas 5% visível, sendo o restante matéria escura.

Tudo o que ocorre no processo cosmogênico, inclusive nossa assim chamada *liberdade* — tema recorrente na obra de Eduardo —, estava lá contida como virtualidade. Quando decidimos, o fazemos em virtude daquela Energia. E a decisão cai naquela direção já presente desde os primórdios de nossa realidade, pois lá é o seu lugar no conjunto dos seres. Os exemplos do dominó quântico, apresentados por Eduardo, confirmam isso. A liberdade tem no Sujeito supremo sua origem. É por força desse Sujeito que o sujeito humano exerce sua liberdade. Ele se encontra sempre à mercê desse Sujeito supremo, que tudo rege e lhe permite a liberdade.

Há uma direção, em todo processo evolutivo, que vai do simples ao mais complexo, do inorgânico ao orgânico, do inconsciente ao consciente, do material ao espiritual. Com razão, afirmou Freeman Dyson, conhecido físico da Grã-Bretanha: "Quanto mais examino o universo e estudo os detalhes de sua arquitetura, tanto mais evidências encontro de que o universo, de alguma maneira, deve ter sabido que estávamos a caminho." Há uma seta ascendente para formas cada vez mais complexas e ordenadas que nos permitem admitir, não obstante os momentos de caos, que existe um propósito no universo.

Qual seria seu desfecho? Vigoram infindas interpretações. Faz sentido aquela de Pierre Teilhard de Chardin, arqueólogo e místico do cosmos, que o universo e os seres humanos evoluirão de tal forma que explodirão e implodirão para dentro de seu Criador. Então se realizará o verdadeiro gênesis. Ele não estaria no começo, mas no fim do processo cosmogênico. Só então teriam sentido e verdade as palavras do Gênesis, nas quais "Deus viu tudo o que tinha feito: e era muito bom [...]" (Gn 1,31). *Et tunc erit finis*: concluímos o fim/sentido de nossa existência. Teríamos acabado de nascer, depois de milhões de anos de evolução ascendente, na plenitude de todas as nossas virtualidades, agora totalmente realizadas. Como seres humanos, comparecemos como um projeto infinito. Somente um Infinito a nós adequado nos saciaria, e finalmente descansaríamos na plenitude de nossa comunhão com o Criador.

Tudo isto que escrevi está suposto, embora com outras palavras, nas pegadas dos pés de Eduardo Moreira, principalmente na primeira e na segunda hipóteses de seu texto.

Eduardo confere especial função ao cérebro, que é uma espécie de repositório de tudo o que temos experimentado e vivido, desde a música favorita até o estremecimento do primeiro beijo. Ele é o lado Manifesto da Ação Primeira que, por sua vez, remete à Intenção Primeira.

No universo, por razão das quatro interações originárias, tudo está ligado a tudo. Tudo é relação e nada existe fora da relação. Essa é uma das teses básicas de mecânica quântica de Heisenberg/Bohr e de todo o pensamento ecológico atual. Expressou-o poeticamente o papa Francisco em sua encíclica "*Laudato Si:* sobre o cuidado da casa comum":* "Tudo está relacionado, e todos nós, seres humanos, caminhamos juntos como irmãos e irmãs numa

* "Carta encíclica *Laudato Si*, do Santo Padre Francisco sobre o cuidado da casa comum", 2020, disponível em: <www.vatican.va/content/francesco/pt/encyclicals/documents/papa-francesco_20150524_enciclica-laudato-si.html>, acesso em 13 abr. 2023.

peregrinação maravilhosa, entrelaçados [...] com terna afeição, ao irmão Sol, à irmã Lua, ao irmão Rio e à mãe Terra" (n. 92). Numa outra passagem, diz liricamente: "o sol e a lua, o cedro e a florzinha, a águia e o pardal: [...] significa que nenhuma criatura se basta a si mesma. Elas só existem da dependência uma das outras, para se completarem mutuamente no serviço uma das outras" (n. 86).

Não diz outra coisa Eduardo quando se refere sempre às "perturbações" como maneiras das interações se realizarem e fundarem novas ordens.

Ele diz, com sua própria pisada, quando mostra que a Intenção Primeira e a Ação Primeira estão sempre em ação, em todos os campos, mesmo no espaço da liberdade do sujeito humano que não escapa da presença "do conjunto das perturbações" — ou do conjunto das relações que entrelaçam todos os seres. O universo, no dizer do cosmólogo Brian Swimme, é mais que o conjunto dos seres do universo. É o conjunto das relações que se estabelecem entre eles.

Eduardo se aventura a tratar do tema que deixou quase louco Santo Agostinho e que, dada a dificuldade, Martin Heidegger desistiu de abordar em seu clássico *Ser e tempo*. Ficou apenas no *ser*, não conseguindo avançar para além do que Santo Agostinho e mesmo Albert Einstein especularam acerca do *tempo*. Não é o caso de resumir sua intrincada e valente reflexão sobre o tempo, especialmente na perspectiva de prevermos eventos futuros. Por mais que nos esforcemos, com os dados científicos, para prever e antecipar o futuro, sempre existe na lógica não linear do processo cosmogênico o improvável e o imprevisível. De repente, eles irrompem e mudam a seta do tempo. Quem poderia imaginar, por exemplo, que nos Estados Unidos, um país em que o racismo é bastante forte, fosse eleito um presidente negro como Barack Obama? Ou que um cardeal vindo do fim do mundo e da periferia do espaço cristão, como o argentino Jorge Mario Bergoglio, se tornasse o papa Francisco, seguramente um dos maiores da história do pontificado papal? Essas irrupções não podem ser previstas e, contudo, elas acontecem e pertencem ao quadro do processo cosmogênico.

Não encontrei melhor compreensão do que esta do argentino José Hernández, no livro *Martín Fierro*: "o tempo é a espera daquilo que há de vir".

Entre tantos outros aspectos deste livro de Eduardo Moreira, impossíveis de serem abordados num simples prefácio, releva aquele em que trata da vida e da morte. O sentido que damos à morte é também o sentido que damos à vida. A vida é possivelmente a suprema expressão, a mais carregada de sentido, da Intenção Primeira e da Ação Primeira. Eduardo fala com razão da Energia de Vida, aquela misteriosa energia que faz tudo viver, se reproduzir e continuar a viver num outro nível. A vida não é feita para terminar na morte, "na inaptidão definitiva de um organismo para manifestar vida". A morte é uma invenção da vida para permitir, na linguagem de Eduardo, que a Intenção Primeira encontre outra forma de manifestação. Então morremos para, num nível superior, viver mais e melhor, oriundos da Fonte Originária de todo o ser (a Intenção Primeira). Na linguagem cristã dizemos: não vivemos para morrer. Morremos para ressuscitar, para viver mais e melhor.

Renuncio a comentar tantos outros aspectos de seu texto. Mas algo merece ser ressaltado. Para aclarar suas proposições mais teóricas, sempre as acompanha com exemplos esclarecedores que ajudam enormemente a compreensão. Junto a isso, segue o método socrático: deixa-se interrogar pelos leitores, pergunta-se a si mesmo e busca encontrar uma saída com sentido. Esse estilo não é comum nos teóricos das ciências. Mas devia ser introduzido como condição para ser lido e discutido não somente entre os pares do campo da ciência, chegando também aos leitores comuns.

Conclui fazendo um apelo à arte que nos salva da mortalidade e da fixação das imagens já pintadas. Convida-nos a "fazer da vida uma obra de arte. Deixar o barro ser moldado continuamente pelo sopro da Incerteza e tornar-se, em vida, as ranhuras de Deus". Como disse um poeta, "busquemos um mundo que ainda não foi sonhado".

O desafio da vida que busca ser plenamente humana é livrar-se das prisões de ordens estabelecidas, que funcionam como correntes. Não para viver anarquicamente. Mas para gestar ordens mais altas à altura de nosso desejo ilimitado e do Infinito que nos habita. Então seremos realmente livres, porque seremos criadores. Pois o Criador nos criou criadores para completar a criação que a quis incompleta, de maneira que nós, sob sua regência, a completássemos. E só a completamos se fizermos nosso caminho caminhando e deixando o selo das pegadas de nossos pés. Assim tentou fazer Eduardo Moreira.

Com este texto, não temerá o riso de suas filhas e seu filho por causa da cabeça complexa de seu pai, mas se encherão de orgulho por ele ter feito o seu caminho, deixando suas pegadas, exemplo para as filhas, o filho e para todos. Merece um louvor por seu intento bem-sucedido e por sua ousadia.

Petrópolis, Páscoa de 2023.

INTRODUÇÃO

Sem amarras e sem expectativas, assim é este texto. Não pretende ser livro ou ensaio, curto ou longo, útil ou fútil, simplesmente não pretende.

Provavelmente muito do que aqui será escrito já o foi antes. Aliás, escrever ou dizer algo novo é um desafio hercúleo. Há mais de 2.000 anos o rei Salomão teria já escrito: "O que foi, isso é o que há de ser; e o que se fez, isso se fará; de modo que nada há de novo debaixo do sol" (Ecl 1,9). Não se incomode, portanto, ao ler trechos que pareçam com os de outrem, confie que quando os escrevo não me lembro se já os li ou simplesmente tive a grata coincidência de chegar às mesmas conclusões de seus autores. Não há plágio, pelo menos consciente. Por outro lado, se ideias aqui expostas parecerem (ou forem de fato) absurdas ao contrariar teorias e saberes já estabelecidos, leia-as como se lê ficção ou poesia, dando ao autor a liberdade de imaginar realidades outras. Ou, se preferir, não leia.

Escrevo para deixar registrado, principalmente para meus filhos, quão caótica era a cabeça de seu pai e para saberem que um dia pensei essas coisas.

Em verdade, uma das hipóteses deste texto é a de que tudo o que aqui será escrito simplesmente acontecerá como parte inevitável do desenrolar de um todo, não cabendo a mim sequer escolha. A outra hipótese é sobre quem, ou o quê, seria este que escreve. Caso exista.

Opto por pular uma tradicional "introdução" mais extensa e ir direto ao assunto. Ao primeiro deles, uma vez que, provavelmente, serão alguns.

1.

A PRIMEIRA HIPÓTESE

"Nós somos uma maneira de o
cosmos se autoconhecer."

Carl Sagan

Me parece que existem somente duas hipóteses possíveis sobre o *real.* Talvez uma terceira. Talvez.

A Primeira Hipótese, imagino, é a de que tudo o que há é somente uma sequência de reações inevitáveis a uma Ação Primeira (assim, escrito em maiúsculas propositalmente). Absolutamente tudo. Nesta hipótese não existe a possibilidade de escolha nem algo como a noção de "livre-arbítrio". Tudo o que acontece simplesmente ocorre como uma continuidade temporal daquilo que veio antes. Chamo atenção para este conceito aparentemente simples que, no entanto, me traz ainda muita desconfiança: "continuidade temporal". É sobre ele (na verdade, sobre a ausência dele) a Terceira Hipótese, que discutiremos adiante. Sigamos por ora na Primeira Hipótese, há muito a falar sobre ela.

A inevitabilidade de tudo e a ausência de escolha podem ser comumente confundidas com o conceito de *destino* ou "*Maktub*" (estava escrito). Algo como um dominó, complexo e intrincado, movido pelo passar do tempo, que tem como *presente* a pedra em movimento, *passado* as que já caíram, e *futuro* as que ainda tombarão. Não é necessariamente assim, porém, que vejo o conceito de "inevitabilidade". Pode haver inevitabilidade sem haver destino. Explico. Não me parecem contraditórias as ideias de "inevitabilidade" e a de "infinitas possibilidades". Podem ambas coexistir. A imagem do dominó, portanto, talvez não nos sirva como metáfora para o desenrolar temporal dos eventos. A não ser que fôssemos capazes de imaginar um "dominó quântico", no qual cada pedra, ao cair, pudesse tombar, com alguma probabilidade, em qualquer uma das direções, para onde continuaria o desenrolar da sequência. Ou que caísse, em alguma medida, em todas as direções, e diversas (potencialmente infinitas) "realidades", ou "mundos" fossem a cada instante criadas, como imaginado pelo físico quântico Hugh Everett.

Ao que me refiro, portanto, quando cito a "inevitabilidade de tudo", já que haveria, em hipótese, uma infinidade de cenários e realidades possíveis? Me refiro à impossibilidade de haver uma ação independente de uma outra anterior, excetuando-se a Ação Primeira, que a tudo originou. Em verdade, a Ação Primeira implica, sim, algo ainda anterior: uma Intenção Primeira, à qual podemos (ou não) dar vários nomes. Após ela, a Ação. E após a Ação (maiúscula), tudo reação. Um lugar para onde, de certa forma, as escrituras sagradas apontam: "No princípio era o Logos, e o Logos estava com Deus, e o Logos era Deus..." (Jo, 1,1).

Imediatamente após o Princípio surge, segundo esta hipótese, um mundo de infinitas possibilidades. Um mundo onde, paradoxalmente, inexiste a possibilidade de escolha. E, sem escolha, não há *sujeito*, ao menos na forma como o imaginamos. Há somente um Sujeito, que é ao mesmo tempo fruto da Ação Primeira (e, portanto, de todas as incontáveis reações subsequentes a ela), a própria Ação Primeira e a Intenção que Lhe dá origem. Tudo um, ou Um.

Tentemos tangibilizar, mesmo que minimamente, o conceito de impossibilidade de escolha. *Perceba-se, leitor, neste exato momento tendo a impressão de que pode escolher seguir a leitura ou não deste texto a partir desta frase.* A provocação que proponho, nesta Primeira Hipótese, é a de que ter esta escolha é uma falsa impressão.

Venha comigo, enquanto desço ao nível do detalhe sobre o que ocorre exatamente neste momento. Há, diante de você, um livro. Talvez um tablet, sinal dos tempos que vivemos. O que chamamos de "leitura" é, na verdade, uma sequência de eventos que começa com o reflexo, nas folhas de papel à sua frente, de ondas eletromagnéticas visíveis (que chamamos de "luz"), originadas na incandescência de filamentos no interior de lâmpadas próximas a você. Ou talvez, caso esteja lendo o livro a céu aberto, originadas a mais de cem milhões de quilômetros de distância, fruto da fusão de átomos de hidrogênio dentro de uma estrela de quinta grandeza que batizamos de "sol". Essas ondas eletromagnéticas, mediadas pelo que chamamos de "fótons", invadem nossos olhos através da córnea, da pupila e do cristalino, até colidirem com a retina, onde células especializadas, excitadas por essas ondas, geram estímulos elétricos (fluxo de elétrons) que viajam, através do corpo, até o cérebro.

Percebam o dominó caindo, diante de nós, peça após peça. A onda eletromagnética simplesmente se propaga do sol até o livro, onde se reflete, para seguir viagem até nossos olhos. As células em nossas retinas simplesmente são excitadas, gerando os estímulos elétricos que viajarão até nosso cérebro. Não há escolha, somente fluxo. Inexiste, nesta Primeira Hipótese (importante frisar), a possibilidade de uma peça do dominó cair sem ter sido tocada ou, como passarei a me referir daqui em diante, sem ter sido "perturbada" por uma peça anterior.

Sigamos o processo. Chegando ao órgão que batizamos de "cérebro", esse fluxo de elétrons irá interagir com as estruturas lá presentes e causará uma perturbação. Uma que, dependendo do padrão das ondas eletromagnéticas refletidas das páginas do livro e do padrão das estruturas existentes no cérebro, será codificada em algo que chamamos de "imagem". Há algo de imensa importância nessa última frase, que, portanto, merece nossa atenção. O processo de codificação das perturbações em algo que chamamos de "imagem" é fruto de uma *interação*, logo, dependente do que chega em nosso cérebro, mas também do que *há* em nosso cérebro. Há ainda muito a se compreender sobre o funcionamento de nosso cérebro (e, para as hipóteses que aqui serão discutidas, isso é de menor importância). Porém, é certo que sua estrutura é fruto de uma construção geno-fenotípica, o que implica que, de algum modo, todas as perturbações a que fomos expostos ao longo da vida deixaram marcas nessa estrutura. Não exatamente o *behaviorismo* de Skinner, mas o conceito de que o próprio cérebro — onde imaginamos que as escolhas são feitas — é uma construção sem escolha.

Note, portanto, que tudo, absolutamente tudo, que daqui em diante acontece neste processo tem influência indireta de tudo que aconteceu em sua vida. As músicas que ouviu, os sustos que tomou, os livros que leu, as paisagens que viu, o frio e calor que sentiu, os beijos que deu... Só que isso tudo é também nada mais do que uma reação a outros eventos que vieram antes, e antes, e antes, e antes... Tudo o que existe e já existiu, todas as peças do dominó quântico ao qual nos referimos, estão ali presentes dentro de "você", que é na verdade simplesmente um elo inseparável e indistinguível dessa corrente. Um *Indivíduo*, indivisível, mas não como costumamos percebê-lo, menor, e sim indivisível com o Maior, a Ação Primeira.

Nesse Tudo, Todo, indivisível, presente em nosso cérebro (também presente em tudo o que existe), chegará o fluxo de elétrons que gera a imagem das letras que compõem a frase escrita há pouco: *Perceba-se, leitor, neste exato momento tendo a impressão de que pode escolher seguir a leitura ou não deste texto a partir desta frase*. E o que aparentemente encaramos como escolha é nada além da continuidade do fluxo, as próximas peças do dominó caindo.

Dado tudo o que já veio antes — os ensinamentos que ouviu de seus pais, as propagandas a que assistiu na televisão, os amores e temores que experimentou, e também toda a água que já fluiu pelos rios ou esguichou pelos ares com as ondas do mar, as estrelas no universo que nasceram e deixaram de existir, os suspiros e gritos dos animais, as pedras que já rolaram pelas montanhas deste e de outros planetas —, seguir lendo ou não lendo o livro não é uma opção. Em verdade, o que você entende como uma escolha nada mais é do que a continuidade da Ação Primeira, ou a manifestação da própria Intenção Primeira. O que de certa forma é sublime e divino, no seu sentido mais literal e poético, juntos.

E eis aqui uma aparente armadilha retórica: não há o que concordar ou discordar dessas afirmações, porque a própria discordância é tão somente uma "não escolha" de quem imagina que a esteja fazendo ao ler o texto.

Essa hipótese poderia levar alguns a pensar: *Se não há então escolha ou alternativa, não farei mais nada e deixarei que tudo aconteça por si só. Ao ficar parado, quieto, inerte, provarei que sou eu quem "decido"*. O problema é que a Primeira Hipótese implica que, se você fizer isso, é porque tudo o que aconteceu antes e resultou em "você" simplesmente levou a esta consequência, a inevitabilidade inescapável de tomar esta atitude.

Talvez esteja ainda confusa a diferença entre esta hipótese e o conceito de destino ou a ideia de que tudo já estaria escrito (*Maktub*). Mas a distinção é simples. Trata-se de entender que as possíveis direções em que o dominó tomba são infinitas, portanto, é impossível mesmo com toda a capacidade de cálculo imaginável prevê-las (não há nada ainda escrito), mas saber que não há como uma peça de dominó cair sem que uma anterior a tenha perturbado. Simplesmente isso. Tudo é *consequência* (*karma* em sânscrito).

É como o conceito (ou mistério) da física quântica que nos diz que uma partícula elementar (aqui cumprindo o papel da peça do dominó) pode estar em todas as posições com alguma probabilidade, mas a perturbação que ela gera é única, e seu efeito, inescapável (o gato de Schrödinger está, afinal, vivo ou morto, nunca nos dois estados ao mesmo tempo).

Nesta Primeira Hipótese, não há um sujeito "derrubador" do dominó, que pode escolher uma nova direção, parar o dominó, ou iniciar uma nova sequência a partir do zero. Afinal, o sujeito nada mais é do que o próprio dominó caindo.

À manifestação desse dominó quântico, nesta Primeira Hipótese, chamamos de *tempo* (na Terceira Hipótese questionaremos esta afirmação). O "passar do tempo" nada mais é do que as peças caindo, a perturbação se expandindo. Causa e efeito *acontecendo*. Imagine, para efeito de compreensão, que tudo ficasse exatamente como está, em todo lugar que existe. Ondas eletromagnéticas congeladas no espaço, elétrons, prótons e nêutrons inertes, campos de toda ordem sem qualquer tipo de perturbação, diríamos neste caso que "o tempo parou". Porque o que chamamos de "tempo" é o fluxo do Manifesto. Este o *conceito*.

O que *batizamos* de "tempo", portanto, sem perceber, é uma tentativa de prever (e não de medir como imaginamos) o fluxo do Manifesto. Consideramos uma medida de tempo *precisa*, se ela consegue prever uma manifestação, descrever quais serão e como cairão as próximas peças do dominó.

Um *dia*, por exemplo, não é a medida do tempo que a Terra demora para dar uma volta inteira em torno de seu próprio eixo. É uma previsão de que ela estará exatamente nesta mesma posição quando este "tempo" tiver decorrido.

Daqui a exatamente um segundo, 9.192.631.770 períodos da radiação correspondente à transição entre os dois níveis hiperfinos do estado fundamental do átomo de césio 133 em repouso (a uma temperatura de 0° K) terão ocorrido. Um "segundo" é uma previsão e não uma medida! E, definidas estas e tantas outras unidades do que chamamos de "tempo", passamos a relacionar todo o resto do fluxo do Manifesto com elas.

Veja que mesmo a teoria da relatividade geral, proposta por Albert Einstein, condiciona as previsões que somos capazes de fazer com as medidas de "tempo" a outras variáveis, entrelaçando espaço e tempo em configurações multidimensionais do que chamamos de "real" (como na métrica de Minkowski, por exemplo), para lhes dar acurácia em qualquer situação.

Pode parecer uma questão semântica, mas não é. Compreender o que está por trás de nosso sistema de comunicação e linguagem, do qual o sistema de medidas faz parte (voltaremos a essa discussão mais adiante, após descrevermos as Três Hipóteses), como uma tentativa de prever o que ainda não aconteceu (e não nossa "natureza curiosa"), é essencial para enxergar nossa eterna busca por "controlar" o desconhecido, o Mistério, o fluxo do Manifesto (tempo).

É exatamente dessa estéril tentativa que surgem todos os conflitos existenciais.

Aos mais atentos, uma questão pode ter surgido ao longo dos últimos parágrafos: como pode existir uma tentativa de prever ou controlar o dominó quântico através da criação do conceito de "tempo" se a Primeira Hipótese exclui o sujeito? Quem seria este ou esta que age? A resposta é que seria o próprio problema se resolvendo. O Universo se compreendendo. A Ação Primeira se desdobrando naquilo que chamamos de "ordem" (outro conceito a ser abordado adiante). Ou, como poeticamente escreveu Carl Sagan: "O Universo encontrando uma maneira de se autoconhecer."

Tudo fluxo, infinitas possibilidades, inexistência de escolha, presença da Intenção Primeira em tudo e uma inimaginável ordem que caminha disfarçada de caos consequente a uma

Ação Primeira, que une tudo num campo indivisível que tentamos prever e controlar através do conceito de tempo. Essa é a Primeira Hipótese.

2.

A SEGUNDA HIPÓTESE

"Procurar a consciência no cérebro é
como procurar dentro de um aparelho
de rádio o seu locutor."

Nassim Haramein

A Primeira Hipótese será provavelmente incômoda para muitos que a leiam. Pode soar, por exemplo, como uma desculpa, uma desresponsabilização para qualquer malfeito — na verdade, para qualquer feito, já que tiraria também o mérito de conquistas. Um assassino deveria ser perdoado por tirar a vida de alguém, já que, segundo essa hipótese, ele não teria tido escolha? Um atleta de alta performance, ao bater um recorde, seria somente uma peça do dominó caindo, sem qualquer mérito pessoal sobre o feito? Deveríamos responsabilizar o "Todo" ou a "Ação Primeira" por esses eventos?

Por outro lado, me parece tentador demonstrar a fragilidade da Primeira Hipótese simplesmente fazendo uma escolha e mostrando que temos o controle sobre nossos atos. Fico imaginando uma palestra motivacional de um desses *coaches* de alta performance bradando à sua audiência: "Acabo de ler o livro do Eduardo Moreira, e nós vamos mostrar agora que essa história de não ter escolha é uma grande bobagem! Vamos mostrar que quem escolhe nosso futuro somos nós! Que somos capazes de transformar nossas vidas da forma como queremos! Vocês estão comigo, pessoal?! Sim ou não?"

Curiosamente, esses exemplos cabem ainda sem qualquer problema dentro da Primeira Hipótese. O fato de alguém ler sobre ela e discordar profundamente de seu conteúdo, querendo prová-la falsa, é, na verdade, um exemplo cabal das peças do dominó caindo diante de nossos olhos. Em relação ao assassino e ao atleta, ambos experimentarão, segundo a Primeira Hipótese, as consequências de seus atos — sejam elas "justas" ou "injustas" sob nossa ótica —, simplesmente porque seus atos são parte do fluxo inescapável resultante da Ação Primeira e farão outras peças caírem. Os próprios conceitos de "justiça" e "injustiça" seriam construções criadas (e, muitas vezes, alteradas ao longo da história) pelo fluxo.

A questão fundamental reside em investigar quem é *este* que discorda da hipótese, se é que há um. Afinal, se discordar da Primeira Hipótese for uma opção, puxar o gatilho da arma também o será. Reconheçamos, não é um exercício fácil pensar sobre aquele que pensa. Jacques Lacan atestou essa dificuldade ao dizer que "somos onde não pensamos, e pensamos onde não somos". A dificuldade maior, no entanto, está no fato de toda nossa filosofia moderna alicerçar-se na lógica cartesiana do "Penso, logo existo". *Nossa existência* é tida como um dado, e não como uma variável, uma incógnita. Perceba que o problema dessa frase não está na palavra "existência", mas sim na palavra "nossa". "Nossa" de quem?

Voltemos ao conceito da Primeira Hipótese. Todo e qualquer evento é simplesmente uma interação, parte do fluxo que resulta da Ação Primeira, que, por sua vez, nasce da Intenção Primeira. O que chamamos de "ler um livro" é, na verdade, um conjunto de perturbações de campos e partículas, dentro e fora de nós, que, ao interagirem, formam padrões que se transformam em imagens, palavras e pensamentos. Não há, segundo essa hipótese, qualquer interferência no processo que surja por uma nova vontade. Nesse sentido, o próprio ato de pensar nada mais é do que resultado dessas interações. Inescapável. Não é escolha. Vale para aquele que se observa pensando e, portanto, conclui que existe. O que imagina ser uma conclusão "sua" é, na verdade, simplesmente mais uma peça do dominó caindo. Mas tudo isso é sobre o que trata a Primeira Hipótese. E este é o capítulo da Segunda Hipótese.

A Segunda Hipótese investiga a possibilidade de existir um sujeito capaz de determinar um novo rumo, uma nova direção para o fluxo. Alguém capaz de derrubar uma nova primeira peça do dominó, que dá origem a toda uma nova sequência de eventos. Trata-se da possibilidade de fazer surgir algo, a partir do nada. *A Segunda Hipótese, de maneira resumida, considera a possibilidade da existência de ação que não seja reação.* Apesar de ser a hipótese que crescemos aceitando como fato inconteste, me parece muito mais abstrata e de difícil compreensão do que a Primeira.

Perceba que o simples fato de sermos capazes de observar (*Budhi*) a manifestação do fluxo não implica o fato de sermos capazes de interferir nele. A observação pode ser simplesmente a Ação Primeira percebendo-se. Confundir o observador com o "fazedor" pode ser simplesmente uma ilusão, nem boa nem ruim, nem certa nem errada, apenas parte do fluxo.

É curioso perceber como o trecho da oração do pai-nosso que diz "que seja feita a Vossa vontade" repousa numa zona de Mistério, entre a Primeira e a Segunda Hipótese. Reconhece uma Vontade maior, soberana, inescapável, ao mesmo tempo que reconhece um sujeito, que roga que a Vontade seja feita. O mesmo que em outro trecho pede perdão pelos pecados, ou seja, que é capaz de agir (e errar).

A Segunda Hipótese, portanto, é a hipótese que nos coloca como *criadores*, e não somente como *criaturas*. É arrebatadora e tem consequências inimagináveis — talvez por isso para mim seja a mais difícil de conceber! É uma Hipótese que dá a qualquer um (e talvez, como veremos, não somente a nós humanos) a possibilidade de intencionalmente transformar tudo o que existe, em todo o universo. Eu me refiro a uma transformação real, mensurável, e não simplesmente metafórica, como as dos livros motivacionais — algo como: "Acredite, você podc mudar o mundo!"

Façamos o mesmo exercício que fizemos no capítulo anterior para compreender o quão abstrato é o conceito ensejado pela Segunda

Hipótese, este de sermos também criadores do fluxo, atores.

Você está agora nesta nova parte do texto, quando eu lhe faço a pergunta: *Deseja continuar a leitura a partir daqui?* O mesmo processo descrito no capítulo anterior acontece. Ondas eletromagnéticas refletem nas páginas do livro, viajam até seus olhos, atravessam sua córnea, colidem com sua retina, estimulam células especializadas que originam um fluxo de elétrons que viaja até seu cérebro e são codificadas como a imagem de texto "*Deseja continuar a leitura a partir daqui?*". O dominó quântico segue caindo e surge então o *pensamento* referente à escolha que deve ser feita — *Sigo ou não sigo lendo?* —, que é também um conjunto de perturbações (de campos e partículas no seu cérebro).

A Primeira Hipótese diria que, dependendo da estrutura presente dentro de você (principalmente, mas não exclusivamente, em seu cérebro), fruto de tudo o que veio antes deste evento e que de alguma maneira contribuiu para moldá-lo da forma como você é hoje, seguir ou não lendo o livro será uma continuidade inescapável desta sequência de eventos. Não determinada ou previsível — pois, como vimos, o dominó é quântico e possui infinitas possibilidades —, mas inescapável e não passível de interferência.

A Segunda Hipótese entende que um sujeito é acionado por essas perturbações e, exatamente no instante em que surge o pensamento *Sigo ou não sigo lendo?*, é capaz de interromper a queda do dominó quântico que ocorria. Assim, *a partir do nada*, produz uma nova sequência de eventos que levará todo o universo (e além dele, por que não?) para um novo caminho. A parte que intriga nesse raciocínio é este trecho: "a partir do nada".

Um dos conceitos mais importantes da física é o da conservação da energia. Aliás, é tão importante que recebeu o status de "lei". Ele diz que, em um sistema fechado, a quantidade total de energia deve se manter constante. Mesmo no mundo subatômico, quântico, onde muitas das tradicionais "leis" parecem não valer, este princípio, particularmente, segue válido e embasa uma das mais importantes equações já descobertas, a da função de onda Ψ(x, t) de Schrödinger.

Eis a equação em sua versão unidimensional:

$$i\hbar\frac{\partial}{\partial t}\Psi(x,t) = \left[-\frac{\hbar^2}{2m}\frac{\partial^2}{\partial x^2} + V(x,t)\right]\Psi(x,t).$$

Aparentemente complexa, a equação de Schrödinger nos diz que a energia total de uma partícula (lado esquerdo da igualdade) se mantém constante (admitindo somente determinados valores, os *quanta*) e é composta pela energia cinética (parcela da equação anterior ao sinal de adição) e pela energia potencial (parte posterior ao sinal de adição) da partícula.

A lei da conservação de energia torna, portanto, difícil conceber a Segunda Hipótese, principalmente devido ao princípio da equivalência entre matéria e energia ($E = mc^2$) descrito por Einstein.

Isso porque, caso houvesse um evento genuinamente novo (que surgisse ao longo do fluxo de eventos) e independente daqueles que o antecedem (uma ação que não fosse reação), a quantidade de energia total do sistema seria alterada, acrescida daquela necessária para "criar" a decisão — a não ser que esse poder de criação, de escolha, se situe em uma dimensão além das que conhecemos e não custe nem carregue em si qualquer energia. Em outras palavras, e abusando da metáfora do dominó, significa começar uma nova sequência de queda a partir de uma primeira peça que cai sem ser empurrada, ou que é empurrada para cair sem qualquer gasto de energia. Tão difícil de conceber que, caso exista, talvez represente a fronteira entre este e outro mundo (o Manifesto e o Imanifesto, ou o Material e o Espiritual).

Talvez esse Mistério capaz de fazer escolhas (ou de carregar o potencial para fazê-las) seja exatamente o que chamamos de "vida". Não quero entrar em polêmicas sobre a definição desse conceito do que seja "vida", mas perceba a pertinência da provocação. Imagine um sistema fechado onde inicialmente existem apenas dois seres vivos. Uma bolha hermeticamente selada e isolada de todo o universo onde dentro colocamos um casal de coelhos e ração (material inorgânico) suficiente para alimentar não somente eles, mas quantos coelhos novos surgirem. A quantidade de energia dentro da bolha, segundo a lei da conservação de energia, deve se manter constante. Os coelhos vão se multiplicando e reproduzindo. Novos seres vivos vão surgindo. Um, dois, cinco, dez, cem novos coelhos passam a viver dentro da bolha.

Perceba que, se o que chamamos de "vida" for algo que possa ser mensurado, a "quantidade de vida" dentro do sistema está cada vez maior. Isso implica que a parte do sistema correspondente à não vida inicialmente esteja se transformando naquilo que chamamos de vida. Vida seria, portanto, somente o fluxo de energia dentro da bolha observado em um outro instante de tempo. A *anima* do coelho (daí a palavra animal) seria simplesmente a energia armazenada no material inorgânico (ração), que agora apresenta-se de outra maneira. O problema é que isso nos leva de volta à Primeira Hipótese, que nos sinaliza sermos incapazes de interferir no dominó caindo. *Se "vida" pode ser medida, vida é energia, e, se vida é energia, não existe a possibilidade de escolha.* Será? Talvez exista uma possibilidade de "vida" ser energia e a Segunda Hipótese seguir válida.

Recapitulemos. A Segunda Hipótese contempla a possibilidade de existir um sujeito (ou Sujeito) capaz de criar, fazer escolhas, iniciar uma nova queda do dominó quântico. Afirmamos que, para que isso aconteça, um gasto de energia deveria existir. Vimos que, para esse evento representar uma ação nova, independente de uma anterior, a energia necessária para fazê-lo deve ser necessariamente adicionada ao sistema, quebrando a lei da conservação de energia. E concluímos que o poder de criação, de escolha, é incompatível com a lei da conservação de energia.

Mas, e se essa energia tiver sempre existido e estiver presente em tudo, condições que podem tornar sua mensuração impossível (medir, afinal, é comparar)? E se ela existir além do tempo (*aeternus*) e além do espaço (*infinitus*)? Se funcionar como uma Fonte inesgotável (por ser infinita) de onde a energia que somos capazes de medir pode nascer ("A fonte de água a jorrar para a vida eterna", Jo 4,14) e, ao mesmo tempo, um Destino para onde ela pode escoar? Pense que, na metáfora do dominó quântico, "escolha" significa ter uma peça empurrada por algo distinto da peça anterior da sequência. É uma quebra da sequência em curso para começar uma outra nova. Essa Fonte (e Destino) é onde a energia da peça que cai sem derrubar a outra deságua e de onde surge a energia para a peça que inicia uma sequência nova. A hipótese da conservação da energia (daquilo que podemos medir) segue, portanto, valendo, e cai a premissa da "inevitabilidade" de tudo. A Segunda Hipótese se torna possível: um mundo de escolhas, mesmo que para isso tenhamos de considerar um conceito, o desta "energia infinita", que pode parecer simplesmente poesia ou abstração.

Podemos chamar essa energia que sustenta a Segunda Hipótese de muitos nomes, como, por exemplo, "Energia de Vida". As escolhas, sejam nossas ou de qualquer outro "ser vivo", seriam simplesmente essa energia se manifestando. Talvez seja ela a responsável por vermos o mundo quântico como probabilístico e não determinístico. Outro nome, portanto, para esta "Energia de Vida" seria "Energia da Incerteza". Sem incerteza, não há escolha (apesar de não necessariamente a presença de incerteza implicar a existência de escolha).

O que chamamos de "vida" seria, portanto, a *manifestação dessa energia* através de estruturas que obedecem a determinados padrões organizacionais capazes de permitir-lhe se manifestar em menor ou maior grau, ao que chamamos de "organismos" (organizados, ordenados). Quanto mais complexos e organizados os corpos, maiores as possibilidades de manifestação, os "graus de liberdade". Paradoxalmente, como a energia é fonte de infinitas possibilidades, os corpos funcionam como seus limitadores. O que a limita é o mesmo que lhe permite se manifestar, um lindo e misterioso paradoxo.

Exatamente pelo fato do que chamamos de "vida" ser uma manifestação, e não o que é ma nifestado, ela não pode ser somada ou subtraída. Corpos podem ser somados, mas não a vida. A Vida, maiúscula, é verbo, e não objeto. No exemplo dos coelhos, a quantidade de corpos vai aumentando, mas não a de Vida.

Imagine a evolução de nosso planeta Terra: utilizemos esse conceito para compreender o "surgimento da vida". O que era inicialmente uma imensa bola de fogo foi se resfriando até virar um caldeirão de gases, vapor e rochas. Lentamente (de acordo com o referencial humano), as estruturas foram ganhando complexidade e ordem, até que em determinado momento uma atingiu um estágio capaz de permitir que a infinita "Energia de Vida" se manifestasse. Essa primeira manifestação, devido ao pequeno grau de complexidade da estrutura, se restringia a poucas atividades, entre elas, é claro, sua reprodução em outros organismos semelhantes.

Eram as primeiras "escolhas" acontecendo. Discutiremos o assunto adiante, mas vale já frisar que nem toda "escolha" é uma "escolha consciente" — esta última é algo como a "escolha" se percebendo escolhendo. Exploremos, antes, um pouco mais sobre o processo de originação e evolução desses organismos que foram capazes de permitir a manifestação dessa Energia de Vida.

As informações viajam através de ondas e são armazenadas por meio de ordem. Essa, para mim, uma lei *fundamental,* no sentido mais literal possível (suas implicações estão presentes no fundamento de todo e qualquer evento). Notem que toda e qualquer informação que chega até nós o faz por ondas. Sejam elas mecânicas ou eletromagnéticas. E o efeito que essas informações provocam pode ser notado através da ordenação (ou reordenação) que promovem. A ordem é, portanto, um registro, um mecanismo armazenador de informações. Quanto mais informações, mais ordem é necessária para guardá-las.

Imaginem um simples exemplo. Dão a você alguns palitos e lhe pedem que, organizando-os pelo chão, escreva com eles a palavra "casa". Você precisará de certo número de palitos e de determinada complexidade de arrumação para fazê-lo. Se lhe pedem agora que escreva a palavra "idiossincrasia", você precisará de mais palitos e de uma arrumação mais complexa para deixar registrada a informação. Não com palitos, mas com zeros e uns ordenados, também os computadores armazenam informações. Com mais informações para guardar, mais zeros, mais uns e mais ordem serão necessários. Apesar de ainda estarmos tateando os mecanismos que nos permitem lembrar das coisas (a memória), é certo que eles estão ligados a determinada ordem que é gerada em nossos organismos (provavelmente no nosso cérebro) após sermos expostos aos eventos que serão futuramente lembrados.

No entanto a lógica vale para tudo. Uma onda que quebra na areia e se expande praia acima para depois recuar e voltar ao mar deixa registrada a sua marca, que nada mais é do que uma ordenação distinta nos grãos de areia que foram por ela atingidos em relação aos demais. A pele de qualquer animal atingida pelos raios solares aumenta de temperatura (e possivelmente altera sua cor) devido a uma reordenação dos elementos químicos e partículas elementares que a compõem. Uma pedra bombardeada pelo vento através dos séculos vai sendo erodida e registrando essa informação na alteração de sua forma.

Percebam nesses exemplos que ordem não necessariamente é um posicionamento de objetos ou partículas (como os palitos), pode ser o seu movimento ou dinâmica. Uma fita luminosa pode ser girada num quarto escuro, de modo que desenhe o formato de um círculo no espaço, ou movimentada de outra maneira, para desenhar o símbolo do infinito. É a mesma fita em ambos os movimentos, e o que armazena a informação é a ordem com que se move. É o que acontece por exemplo no caso de um objeto que muda de temperatura: a ordem de movimentação de seus átomos passa a ser diferente (mais rápida ou mais lenta).

Todo o nosso conhecimento do passado é fruto de nossa investigação dessa ordem deixada pelos eventos que já ocorreram, seja observando órbitas de corpos celestes ou analisando a composição e as camadas de sedimentos em rochas. Nós, humanos, aprendemos a sistematizar e influenciar essa ordem intencionalmente, e o fazemos de modo consciente (premissas válidas somente na Segunda Hipótese), para que livros, desenhos, fotografias, arquivos de computador guardem informações que um dia nos impactaram.

Não necessariamente somos capazes — com a tecnologia que temos ou com nossa capacidade de interpretação — de identificar a ordem presente em tudo aquilo que observamos. O que não quer dizer que ela não exista. Sabemos, porém, que, de alguma forma, toda informação pode ser armazenada através da ordem. Também, que a quantidade de informação aumenta com o tempo. Usando nossa metáfora, as peças caídas do dominó quântico somente aumentam em número, nunca diminuem (unidimensionalidade do tempo).

Como consequência, numa realidade onde a quantidade de informação é cada vez maior, a ordem das estruturas impactadas por essas informações será também cada vez maior e mais complexa (a função dos buracos negros potencialmente "destruindo" essas informações, tema da maior importância da cosmologia física, pode alterar essa premissa). As estruturas tendem, portanto, a evoluir de menor para maior complexidade. Assim o fizeram até que em determinado momento permitiram a manifestação de vida e, em posterior estágio, de vida consciente. E assim seguirão evoluindo, permitindo cada vez mais graus de liberdade dessa manifestação, até que, no limite, o manifestado seja igual à origem da manifestação em sua plenitude.

É possível que alguns leitores (os que tiveram paciência e interesse de acompanhar o texto até aqui) estejam ainda confusos em relação à fronteira que separa a Primeira da Segunda Hipótese. E, realmente, essa não é uma questão simples. Um pouco de criatividade (e ginástica) intelectual é capaz de igualar as duas, ao imaginarmos que a "Energia de Vida" seja simplesmente a Intenção Primeira mencionada na Primeira Hipótese, e que as aparentes "escolhas" sejam simplesmente peças de dominó caindo (a própria ilusão de "escolher" sendo parte do dominó). Isso porque Aquele que escolhe, iniciando uma nova sequência de eventos (e interrompendo outra), deveria ter também, em outro plano (ou dimensão), seu mecanismo de escolha estruturado de alguma forma para poder agir. Estaríamos então somente expandindo nosso dominó para além do que podemos daqui, onde estamos, perceber. A não ser que esses mecanismos de escolha simplesmente não existam em qualquer outro plano e Aquele que escolhe seja pura Consciência. Seja a Escolha em si.

Podemos, com esse conceito em mente, tentar traçar uma linha mais clara que divida a Primeira e a Segunda Hipóteses. Na Primeira Hipótese, vida *é* ordem, na Segunda, Vida *se manifesta* através da ordem! Na Primeira Hipótese, a consciência é uma consequência de uma estrutura complexa (para nossos padrões), presente em nosso organismo (o cérebro). Na Segunda Hipótese, a pura Consciência não está presente no nosso organismo, não é nosso cérebro, mas só pode ser manifestada e percebida através dele. "*Eu* sou aquele que sou" (Ex 3,14).

Seria possível, portanto, acessar de alguma forma essa pura Consciência, a fim de investigá-la? O problema é de difícil solução, dado que, como já vimos, o mesmo mecanismo que permite a Sua manifestação age limitando-a.

Trata-se então de uma tentativa de buscar compreender, através do limitado (nossa consciência minúscula), o Ilimitado. Note que o que chamamos de "compreender" é sempre uma comparação de algo com padrões que conhecemos ou que podemos imaginar a partir daquilo que conhecemos. Como comparar, portanto, o que não é, nem nunca foi, manifesto? Veja que, sob essa perspectiva, até chamá-lo de Mistério parece inadequado, dado que não é possível atribuir nome ao que não podemos conceber (nomes em si são padrões conhecidos).

O paradoxo do qual falamos algumas vezes no texto, porém, talvez nos convide a uma experiência interessante. Não para compreender, mas para nos conectar com a pura Consciência. Vimos que ela pode ser percebida através da ordem, mas que também através dessa ordem ela é limitada. Ampliar esse limite significa abrir mão dessa ordem. O que necessariamente significa ser menos capaz de percebê-la (alguns diriam "racionalizá-la", não acho adequado o termo). Na menor *percepção*, uma maior *conexão*, renunciar à consciência para repousar na Consciência. Simplesmente render-se. Afinal, Aquele que percebe é o que resta quando não há mais nada do que é percebido.

A esta altura já é possível notar que, na Segunda Hipótese, a *pura Consciência*, *Energia de Vida*, *Escolha*, ou *Fonte*, é una. Na Primeira Hipótese, a Fonte é também una, a *Intenção Primeira*, mas tudo o que vem em seguida é, simplesmente, seu desdobramento, incerto e inevitável. Já na Segunda Hipótese, além da *Escolha*, una, existem *escolhas* individuais, conscientes ou não, dependendo do grau de complexidade dos organismos. Todas conectadas à Fonte, mas individuais, porque cada organismo tem sua ordem única, que permite tais manifestações. A palavra "indivíduo" me parece fazer mais sentido relacionada à natureza indivisível de escolhas (não existe meia escolha) do que a do organismo, este último divisível. Logo, indivíduo é aquele que manifesta escolhas, conscientes ou não, portanto, vida, e só o faz porque é dotado de determinado grau (complexidade) de ordem. Esta, por sua vez, é registro e resultado de informações que viajaram através de ondas. Todo indivíduo é manifestação da Fonte e toda escolha é manifestação da Escolha.

Uma questão se coloca: essa Fonte seria de natureza "boa"? Caso positivo, como explicar o mal? "Se Deus é bom, onipotente e onipresente, qual a razão do mal?" é uma das questões que nos perseguem há mais tempo, dos pensadores gregos aos medievais, tendo sido combustível para reflexões de toda uma vida de mentes brilhantes, como a de Santo Agostinho.

A resposta inevitavelmente passa por uma discussão dos conceitos de "bem" e "mal". Existe uma componente moral que muda ao longo do tempo e em diferentes grupos e culturas. No entanto, parece existir também uma perene: mal é aquilo percebido como contrário à manifestação da Fonte, ou seja, da vida. O que se opõe a ela é tido como resistência, obstáculo, atrito, "mal".

Note que, sempre que algo atenta contra a manifestação de vida e não é visto como "mal", é porque é entendido como um meio para proteger outra vida compreendida como maior ou mais importante. Derrubar uma árvore para construir um abrigo, matar bactérias para proteger de uma doença, matar um animal para alimentar-se. E, é claro, a imperfeita interpretação entre indivíduos conscientes do que seja ou não esse "mal" é fruto de cada um ter sido moldado de maneira diferente, por ter sido exposto a um conjunto de informações distintas (lembre-se de que me refiro aqui a todo e qualquer tipo de informação, e não somente às percebidas). A Escolha, Fonte, jamais é má, o que é interpretado como boa ou má é a escolha, a minúscula, individual e limitada.

"Bem" e "mal" são, portanto, *interpretações*, julgamentos. Por definição, sempre imperfeitos, limitados e míopes, já que nascem de indivíduos incapazes de compreender a realidade maior, integral, e que, portanto, tudo inclui. São uma divisão nossa, mas em verdade indissociáveis e dependentes. "Bem" e "mal" são conceitos restritos a nós, seres humanos.

Como último ponto, a Segunda Hipótese não elimina o conceito da queda de um dominó quântico, proposto na Primeira. Tudo segue sendo causa e consequência (*Karma*). Os organismos seguem sendo moldados e influenciados pelas informações às quais foram expostos, só que agora também influenciados pelas escolhas que as antecederam. As informações e os eventos seguem conectados a tudo o que veio antes e influenciarão tudo o que está por vir. As escolhas são possibilidades de interferir nesse processo, alimentadas pelo Maior (Fonte) e realizadas pelo menor (organismo).

3.

A TERCEIRA HIPÓTESE

"Só sei que nada sei."

Sócrates

Um questionamento que pode ter surgido durante a leitura dos capítulos anteriores é sobre a afirmação de que tudo o que existe e já existiu estaria conectado a cada evento. Afinal, a física nos ensina que o que acontece fora dos chamados "cones de luz" dos eventos, região do espaço-tempo capaz de influenciá-los (pelo fato de a velocidade da luz ser o limite para uma informação viajar), não teria como estar com eles conectado. Em outras palavras, o que está ocorrendo neste instante numa galáxia distante não teria como estar conectado com as gotas da chuva que caem agora sobre meu telhado, porque uma informação não teria como chegar à outra a tempo. Poderíamos, para manter válida a premissa, nos aventurar por hipóteses como a da não localidade, segundo a qual existe a possibilidade de interações entre entidades separadas (entrelaçadas quanticamente) ocorrerem instantaneamente, mesmo a enormes distâncias. Ou poderíamos buscar a região de interseção entre o cone de luz do que acontece nessa galáxia distante e o da gota de chuva que cai sobre meu telhado, para compreender que ambos, em algum momento do tempo, tiveram eventos "ancestrais" comuns e, portanto, ao serem combinações das mesmas partes, estariam completamente relacionados agora. Levando-se esse raciocínio ao limite, todos os eventos estariam conectados pela singularidade inicial (a Ação Primeira). Mas a Terceira Hipótese não é sobre encontrar explicações para as lacunas científicas da Primeira e da Segunda Hipóteses, e sim sobre sua desconstrução. Isso porque ela questiona o princípio fundamental de ambas. Aliás, o princípio que está por trás de toda a nossa percepção do que chamamos de real. A Terceira Hipótese questiona o próprio dominó, ou seja, a premissa de que causa e consequência, ação e reação, estão relacionadas.

A Terceira Hipótese é a possibilidade de absolutamente tudo ser aleatório e nossa compreensão de mundo ser somente uma "conta de chegada", um modelo sobreajustado que criamos para compreender o que chamamos de "passado" e que atribui padrões onde na verdade só existe aleatoriedade. Segundo essa Hipótese, quando eu lanço uma pedra no ar e ela descreve uma trajetória parabólica até se chocar com o chão, na verdade não há relação alguma entre os eventos. Ela poderia fazer a mesma trajetória sem ter sido lançada por ninguém, saindo do estado de repouso. Ou, no meio da trajetória parabólica, simplesmente começar a subir e nunca mais cair. Ou simplesmente deixar de ser uma pedra e se transformar em uma pluma que fica imóvel no ar, sem cair ou subir. O fato de todas as pedras que foram jogadas no ar até hoje terem descrito uma trajetória parabólica e se chocado no chão seria, segundo a Terceira Hipótese, simplesmente uma coincidência que transformamos em "lei".

Parece absurdo (e deve mesmo parecer), mas veja que matematicamente não somente é possível como até provável, se aceitarmos a hipótese de vivermos em apenas um de *infinitos e eternos* "universos paralelos", uma extrapolação quase poética da Interpretação dos Muitos Mundos (IMM), já mencionada aqui e proposta pelo físico Hugh Everett. E o segredo dessa possibilidade está nestas duas características dos universos: são *infinitos* em quantidade e *eternos* (ou seja, estão além do que pode ser medido pelo tempo). Imagine partículas elementares distribuídas aleatoriamente pelo espaço, movendo-se também aleatoriamente em cada um desses universos. Em algum momento, em algum lugar de um desses universos, uma série dessas partículas estariam juntas formando o que chamamos de "maçã". A chance disso se repetir várias vezes é muito menor. De se repetir muitas vezes em locais próximos, a ponto de acharmos que uma causa comum (um pé de maçã), e não a aleatoriedade, as fez estar ali é incontáveis vezes menor. E disso ter acontecido todas as vezes que olhamos para elas (e para todos os outros que também olharam para elas) é um número muito próximo a zero. O problema é que qualquer número diferente de zero multiplicado pelo conceito de infinito resulta em infinito.

Valhamo-nos de uma metáfora para compreender esse conceito. Seria como observar um caldeirão cheio de água que é posto para ferver com muitos ingredientes e misturado com uma colher de pau. Durante alguns milésimos (ou milionésimos) de segundo, numa pequena porção do caldeirão, os ingredientes, interagindo com a água, formarão um padrão que lembrará a cara de um cachorro, ou um automóvel, ou uma lua crescente, para logo depois desaparecer. Imagine que agora desaceleramos o tempo até transformar aquele pequeno instante em milhares de anos (uma supercâmera lenta). A "lua" o "cachorro" ou o "automóvel", para um hipotético micro-organismo com ciclo de vida de apenas alguns segundos (já neste novo referencial de tempo da "câmera lenta") e consciente dentro do caldeirão, poderiam não ser vistos simplesmente como eventos aleatórios. E, ao identificar padrões ali, toda uma "realidade" e um sistema de códigos para explicá-los seriam criados.

É para nós, mesmo com a metáfora, difícil compreender o conceito. Isso porque não identificamos somente uma "lua", ou um "automóvel", em nossas vidas, como padrões. Somos condicionados a ver ordem em tudo. É isso, afinal, que nos conecta uns aos outros. Sabemos que a chance de tudo que percebemos ser aleatório, inclusive nós, é "quase" zero. O problema é esse "quase" dentro de uma infinitude de possibilidades.

A Terceira Hipótese é ainda mais difícil de conceber do que pode parecer. Isso porque, ao quebrar as relações de causa e efeito, ela destrói também a metáfora do dominó quântico. Uma peça não cai mais empurrada pela outra, os eventos passam a não ter mais relação alguma uns com os outros. Todas as chamadas "leis da natureza" passam a ser uma criação nossa para enxergar ordem onde há somente aleatoriedade, no máximo coincidência. E, nessa realidade aleatória, sem relações de causa e efeito, o mais importante conceito que deixa de existir é o de tempo. Tempo, o conceito que desenvolvemos para tentar prever o fluxo do manifesto, deixa de fazer qualquer sentido quando não há mais fluxo. Não há mais o que ser previsto, não há mais ordem. Não há mais passado nem futuro! Uma ideia que pode inicialmente parecer completamente absurda até atentarmos ao fato de jamais termos vivenciado qualquer um dos dois, afinal, a vida acontece toda no presente. Passado e futuro existem somente no presente.

É difícil discorrer sobre a Terceira Hipótese, porque sem relação de causa e efeito, sem o conceito de tempo, e atribuindo a tudo aleatoriedade, só nos resta o que não pode ser descrito, explicado, falado e compreendido. A Terceira Hipótese é o calar da lógica e o despertar do ser. Somente ser...

Existem, porém, alguns conceitos que, apesar de não se encaixarem na Terceira Hipótese (nada se encaixa na Terceira Hipótese e tudo também se encaixa), podem nos ser úteis para investigar o que chamamos de "real". Isso porque apesar de vivermos uma realidade onde, aparentemente, há ordem e fluxo, aprendemos a encaixar experiências distintas (e únicas) dentro de um mesmo padrão, formando o sistema de códigos que nos permite compreender — ou tentar compreender — o que nos cerca.

Imagine-se num zoológico, diante da área reservada aos elefantes, observando um desses paquidermes gigantes. O que você aprendeu a "chamar" de elefante é na verdade uma perturbação elétrica no cérebro que se aproxima o suficiente de um padrão que recebe, na nossa língua, o código de "elefante". Correndo o risco de ser repetitivo, façamos a mesma decomposição do ato de "ver" o elefante que fizemos em outros trechos deste livro.

A luz do sol, que contém ondas eletromagnéticas de diferentes comprimentos e frequências, após viajar mais de uma centena de milhão de quilômetros, choca-se com o animal. Apenas algumas dessas ondas, porém, têm frequências capazes de serem refletidas pelas partículas presentes na epiderme do animal. As outras são absorvidas, e sua energia eleva o grau de agitação dessas partículas, o que chamamos de "temperatura". As ondas são refletidas em diferentes ângulos, partindo, portanto, em inúmeras direções. São essas ondas, externas ao objeto, que dão a caraterística da cor que observamos. É estranho e difícil conceber que nenhum objeto "tenha" uma cor, mas esse é um fato. O que eles têm é uma "forma", uma determinada ordenação no espaço de um conjunto agrupado de partículas.

Algumas (na verdade muitas) dessas ondas refletidas chegam até os olhos dos observadores e atravessam suas córneas, chocando-se finalmente contra suas retinas, onde células especializadas são estimuladas a produzir sinais elétricos. Esses sinais elétricos viajam em ritmos e intensidades que dependem do estímulo inicial (das características da observação) e chegam finalmente ao cérebro, que tenta ordená-los em algum padrão conhecido, para atribuir a eles um código, neste caso, "elefante".

Vejam, porém, que curioso: não existem dois elefantes iguais em todo o planeta. Mesmo um animal específico dificilmente será observado exatamente no mesmo ângulo e sob a mesma luz que foi há um segundo. Os estímulos que chegam ao cérebro, portanto, jamais serão iguais, apesar da ideia que provocam ser: um elefante. Se o raciocínio até aqui parece estar nos levando para o pensamento de quase 2.500 anos atrás, de Platão — a Teoria das Ideias (ou das Formas) —, ou para uma simples fundamentação da taxonomia, permaneça atento, pois a conclusão pode surpreender você.

Para atribuirmos a esses estímulos distintos sempre o mesmo código (neste caso, o pensamento "elefante"), é necessário que de alguma forma o cérebro consiga encaixá-los dentro de um padrão que abrace uma vasta matriz de possibilidades. Tão vasta a ponto de eu poder desenhar alguns traços com uma caneta em um papel que remetam a uma tromba e uma grande orelha, e, ao observá-los, alguém imediatamente pensar "elefante". Perceba que os sinais elétricos que chegam ao cérebro como fruto da observação de um elefante num zoológico e de um traço simples de caneta são incrivelmente distantes, mas acabam, de alguma forma, encaixados no mesmo código, gerando a mesma ideia. Parece, porém, que isso acontece não porque nascemos com a "ideia" do que seja um elefante, como propôs Platão, mas por termos desenvolvido um mecanismo avesso à aleatoriedade e capaz de atribuir ordem e padrão até mesmo onde não há. Somos programados a criar uma noção de ordem, atribuindo códigos e padrões que substituem um universo onde não há sequer dois indivíduos ou objetos iguais. É motivo para nos questionarmos sobre o quão aleatórios são os eventos e o quanto da ordem que atribuímos a eles está em nós, e não neles. Ou seja, a Terceira Hipótese.

Exploremos outro exemplo, agora o de um pai chamando o filho: "João, venha aqui." Nesse caso, o pai expulsará o ar de seus pulmões com a ajuda do músculo do diafragma, fazendo com que o ar, ao passar pela laringe e pelas cordas vocais, provoque vibrações. Elas, por sua vez, geram ondas que se propagam pelo ar (som) e chegam até o filho. Ao chegar ao filho, as ondas invadem sua orelha e viajam pelo conduto auditivo, fazendo vibrar a membrana do tímpano e os minúsculos ossos de seu ouvido médio (martelo, bigorna e estribo). Essas vibrações chegam à cóclea (cujo formato lembra o de um caracol), estimulando células sensoriais que convertem o som em sinais elétricos, os quais são enviados pelo nervo auditivo ao cérebro. Lá, assim como nos exemplos que exploramos neste livro, os sinais são encaixados em algum padrão que se relacione a um dos códigos compreendidos pela nossa linguagem, gerando a ideia (ou o pensamento) correspondente ao chamado do pai.

Como acontece no exemplo da observação do elefante, os sinais elétricos que chegaram ao cérebro do filho e foram compreendidos como um chamado do pai jamais chegarão novamente da mesma maneira. A voz do pai será ligeiramente diferente, as condições do ar onde as ondas irão se propagar serão distintas, as células que compõem os órgãos do filho serão outras, e o resultado, inevitavelmente, será novo. No entanto, a ideia mantém-se a mesma.

Parece-me que parte da matriz de possibilidades aceita dentro de um mesmo código pode ser transmitida entre gerações de indivíduos (herdada) como características fisiológicas e anatômicas. Um animal, após nascer, consegue *quase* imediatamente identificar outro animal ao seu lado. Parece já existir a ideia "animal" (aqui é importante ter o cuidado de não atribuir aos outros animais a nossa lógica ou o nosso sistema de códigos, portanto não necessariamente é dessa maneira que acontece), originada pelo fluxo de sinais elétricos surgidos das ondas eletromagnéticas que invadem os olhos recém--abertos do animal. Talvez não exatamente ainda como a ideia de um animal, mas uma já suficiente para diferenciar, dentro de seu campo visual, objetos distintos, e não somente uma vasta e aleatória paleta de cores sem qualquer significado.

No entanto, a *amplitude* dessa matriz de possibilidades parece ser fruto do que chamamos de "aprendizado social", ou seja, interações entre indivíduos, que vão ampliando esses limites através de um sistema de punições e recompensas (naturais ou estimuladas, estas últimas culturais), o qual estabelece o que é aceito ou não pelos pares. Quanto maior a complexidade dos organismos, maior essa amplitude. É o que faz com que entre seres humanos — conscientes (e complexos em relação aos outros animais) — um pequeno traço de caneta possa ser incluído no mesmo código mental (gerando, portanto, a mesma ideia) de um animal enorme, como um elefante. Quanto maior a complexidade das chamadas "relações sociais" de um grupo, maior a aversão à aleatoriedade e maior a necessidade de atribuir ordem e padrão às experiências. O que nos leva a um importante questionamento: *Quanto da ordem percebida vem do que se observa e quanto do que se observa é fruto da ordem que atribuímos ao que observamos* (mesmo onde não necessariamente ela exista)? Um bom estudo de caso é o sistema de códigos que chamamos de "linguagem" e sua relação de causa e efeito com o que compreendemos como real.

Recordemo-nos de um tema já discutido na primeira parte do texto: organismos buscam as ferramentas que os ajudem a prever o que está por vir. O conceito de tempo, entre nós, humanos, surge com essa intenção. A definição de outros sistemas de códigos e padrões também. A motivação, consciente ou inconsciente, para o aprendizado é aumentar essa capacidade de prever. Aprendizado, afinal, significa uma mudança relativamente permanente de comportamento gerada por alguma experiência,* algo que só é útil se adequar melhor um organismo para o que está por vir. Cabe lembrar que a base de nosso conhecimento *científico* é o método que leva o mesmo nome e tem como principal fundamento a verificação (ou falseabilidade) de uma hipótese através de resultados verificados.

---

* Sara J. Shettleworth, *Cognition, Evolution, and Behavior*, Oxford, Oxford University Press, 1998.

A palavra (falada ou escrita) surge para *representar* uma ideia, um pensamento, que, por sua vez, se origina a partir de perturbações internas (elétricas, químicas e de campo), as quais se relacionam a determinado padrão já existente, para então serem transformadas nesses códigos. Primeiro *sentimos*, depois transformamos o sentimento em pensamento desse sentimento e só então codificamos o pensamento em palavra. A ideia que criamos do que sentimos já não é mais o sentimento em si. "Sentir frio" é na verdade um código escrito que representa o pensamento surgido da experiência causada por uma baixa temperatura.

Através desse mecanismo que transforma perturbações em ideias e ideias em códigos (palavras), conseguimos fazer com que um universo formado por incontáveis eventos únicos se transforme em nossa percepção do "real", que passa a ser compartimentalizada, segmentada, ordenada e, portanto, limitada intencionalmente para oferecer uma — talvez aparente — maior capacidade de prever o que está por vir.

Toda palavra surge, portanto, para representar a ideia de uma perturbação (ou experiência). A etimologia, estudo da origem e da evolução das palavras, tenta resgatar exatamente o que veio antes do código. *Cada uma das palavras deste texto, por exemplo, busca, originalmente, representar uma ideia.* Analisemos um pequeno trecho desta última frase. "Cada" (do grego *katá*) representa a ideia de pedaço, parte, segmento de algo maior, completo. Antes de escrever "cada", surgiu-me, provavelmente, a necessidade de referir-me especificamente às partes, separadas, de algo maior, neste caso, "deste texto". O *pensamento* que foi codificado na palavra "cada" é fruto de perturbações elétricas em meu cérebro, que foram encaixadas em um padrão que fez surgir essa ideia.

Logo após "cada", a frase traz a palavra "uma", que nos permite adentrar, mesmo brevemente, em um outro sistema de códigos. Um que, apesar de visto por muitos como uma representação "universal" e impessoal da realidade, nada mais é do que também outra linguagem: a matemática. A matemática é um sistema de códigos que, diferentemente do que imagina o senso comum, não está "presente na natureza". É uma criação humana. Números são exatamente como palavras (inclusive todos têm palavras que os representam), ou seja, são códigos criados para representar ideias. Estas, como já vimos, surgem de perturbações elétricas que, apesar de distintas e únicas, são encaixadas em padrões com o objetivo de atribuir ordem ao caos ("*do Caos ao Cosmos*"). Perceba que o pensamento que dá origem ao número "1", ou à palavra "uma" — que vem logo após o termo "cada" —, é o de uma *manifestação* que se encontra no seu estágio "indivisível" como *ideia*. Esse é o significado de *unidade*. Os números que vêm a seguir (dois, três, quatro etc.) representarão simplesmente a repetição dessa ideia de unidade. "*Um* carro", ou "*uma* árvore", representa a ideia indivisível de um carro ou uma árvore, a partir da qual todo conjunto ou parte será comparada. "*Duas* árvores" representará a manifestação dessa ideia repetida uma vez. "*Meia* árvore" representará uma parte da *ideia indivisível* de árvore (um tronco pela metade nos remete a um pedaço da "ideia inteira" de uma árvore). É curioso notar que o que chamamos de "repetição" da ideia de unidade (que dá origem a todos os outros números e, por consequência, a própria matemática) é uma criação nossa. Isso porque, como já vimos, toda manifestação é única e, portanto, não existem *repetições*, a não ser como uma ideia, um pensamento, criado para ordenarmos uma realidade caótica e aprimorar nossa capacidade de previsão.

É fácil ver a linguagem matemática como um sistema de códigos criados para ordenar dados, armazená-los e fazer previsões. A linguagem das palavras funciona exatamente da mesma maneira, só que abrange ideias e pensamentos além dos codificados na matemática. Tudo o que foi escrito até agora neste texto tem exatamente a mesma natureza de uma equação matemática, apesar de ser difícil perceber, por sermos condicionados a enxergar a matemática como um "código" universal. Nada tem de universal, tudo tem de humano. A linguagem das palavras é um sistema de equações que armazena dados e relações, e que utilizamos para prever resultados.

Sigamos nossa investigação desse sistema de códigos chamado linguagem. Imagine-se ouvindo uma história contada por outra pessoa. À medida que a narrativa vai se desenrolando, você vai "visualizando", ou seja, pensando a sequência de eventos que é relatada e a ela dá sentido. Retiremos agora camadas dessa experiência. Antes do *sentido da história*, a história precisou *ser sentida*. Só faz sentido o que antes é sentido. Fique agora nesta camada, a do *sentir* a história. A história inteira acontece em você como perturbações, mecânicas e eletromagnéticas, com ritmos, pulsos e intensidades diversos. É como uma tempestade de raios e trovões, que é codificada, por exemplo, em uma princesa adormecida trancada na torre de um castelo à espera de um príncipe encantado. Da mesma forma, a leitura deste livro também é somente uma tempestade de perturbações — assim como é todo o restante, ou melhor, como é a nossa interpretação de todo o restante! *A realidade por trás da realidade é somente uma tempestade.*

Eis que podemos tirar ainda uma camada. Isso porque os conceitos de onda, perturbação e tempestade são também ideias nossas, que criamos a partir de perturbações. Quando imaginamos uma tempestade sendo uma sequência de clarões e estouros, estamos pensando na ideia que fazemos de uma tempestade, uma interpretação nossa. O próprio conceito de perturbação é uma interpretação.

Numa alegoria singela, a pimenta mais forte do mundo pode ser comida por um passarinho, sem que ele sinta qualquer incômodo. É possível dizer que a pimenta *é* forte? Ou forte é a *nossa reação* à pimenta, que simplesmente é o que é?

Similarmente, o que entendemos como uma onda se propagando pelo espaço é, na verdade, a forma como somos perturbados por uma onda se propagando no espaço. A maneira como uma pedra é perturbada por essa onda (que é diferente do modo como nós somos perturbados pela forma como a pedra é perturbada, ou seja, pela nossa interpretação da forma como a pedra é perturbada) pode ser completamente diferente, mas a onda segue sendo a mesma. Ou simplesmente continua não sendo até que sua interação com outras coisas lhe permita ser. Este é o conceito de ser, existir: a capacidade de interagir, perturbar. Talvez por isso tenhamos nossa percepção de tempo diretamente ligada à relação de causa e efeito entre os eventos. A relação de causa e efeito é exatamente a interação (ou a nossa percepção de interação) que define em si o conceito de existência. De onde se conclui que *tempo* é a forma de tornarmos tangível o conceito de ser, existir. O Tempo é a existência em si.

Ordem e aleatoriedade são, portanto, também interpretações nossas, o que nos convida a considerarmos a Terceira Hipótese não tão absurda.

4.

O QUE É ABSURDO?

"Não há nada de tão absurdo que o
hábito não torne aceitável."

Cícero

"Isso é um absurdo!" Etimologicamente, a palavra "absurdo" deriva do latim *absūrdus* (*ab* + *surdus*), que significa "o que é desagradável ao ouvido". Um código criado para manifestar uma sensação de estranheza, incômodo, inadequação, ao nos defrontarmos com alguma coisa. Numa realidade que é construída sobre o conceito de ordem, a palavra "absurdo" transformou-se em sinônimo do que soa "fora da ordem".

Somos condicionados a viver de acordo com um "gabarito" hipotético. Um conjunto de saberes que nos é apresentado desde o dia em que nascemos até o último dia de nossas vidas e define aquilo que é aceito como dentro ou fora da ordem. O condicionamento é tão forte que, imediatamente (quase sempre de maneira inconsciente) após entrarmos em contato com qualquer fato, iniciamos um julgamento para avaliar o quão adequado aquele fato está à nossa concepção de ordem. O curioso é que nosso sistema de códigos (linguagem) criado para representar "pensares" e "sentires" eclipsou seus genitores e tornou-se ele mesmo a régua do que nos soa ou não estranho, fora da ordem. Tornou-se ele o sistema, a própria ordem.

Dessa forma, por exemplo, o que atende a ordem matemática é aceito, mesmo que intuitivamente (do latim *in tuere*, um conhecimento imediato, de dentro, sobre o que é ou não é) seja incrivelmente estranho. Já o que não se encaixa em nosso código, nossa ordem, e que não pode ser previsto ou "controlado", torna-se *absurdo*, mesmo que possamos experimentá-lo, senti-lo, intuí-lo.

Somos capazes de aceitar sem questionar a ideia de um buraco negro, uma região no espaço-tempo tão densa que toda a massa do planeta Terra caberia num volume menor do que o de uma bola de gude, simplesmente porque equações matemáticas que nós mesmos criamos são capazes de prevê-lo (lembre-se, a matemática não é uma linguagem da natureza, é uma linguagem humana). Ou a ideia do Big Bang, uma explosão que dá origem ao universo, fazendo com que de uma singularidade (um ponto) surgissem centenas de bilhões de galáxias, cada uma com centenas de bilhões de estrelas e planetas. Ambos os conceitos são absolutamente estranhos ao que podemos sentir ou experimentar, mas deixam de ser considerados *absurdos* porque se encaixam no que aprendemos a definir como ordem.

Por outro lado, terapias batizadas de "alternativas", algumas delas milenares, ritos de povos tradicionais e o próprio conceito de Deus são tidos por cientistas (*scientia*, os donos do conhecimento) como *absurdos* por não passarem pelo crivo do *método científico*, que define o que atende ou não nosso conceito de ordem. Isso ocorre mesmo que possam ser sentidos e experimentados e tenham sua origem anterior ao próprio sistema de códigos, que surge para representá-los e depois decreta sua morte.

O que não pode ser previsto não deve ser aceito, essa é a regra. Como aceitar, portanto, o conceito de Deus, que, como vimos, é a própria Incerteza? Incerteza que é sinônimo de vida, e, principalmente, de escolha (Segunda Hipótese). Eis que vivemos em um tempo em que buscamos provar *cientificamente* Deus, ou seja, prever a Fonte de toda incerteza. Enquanto nossos ancestrais experimentavam, viviam, conectavam-se a essa incerteza, nós buscamos decifrá-la e perdemos automaticamente essa conexão.

A necessidade de encaixar toda experiência dentro de um padrão já conhecido (e aceito) por nossos códigos e saberes é um mecanismo protetor da ordem vigente. Perceba-se lendo este texto e questionando-se se o que lê está de acordo com o que lhe foi ensinado antes. Se as ideias aqui escritas já foram abordadas por outros pensadores e, neste caso, se lhe incomodam por não serem reproduzidas com exata precisão. "Julgamento", do latim *judicāre*, significa avaliar se o que é dito (*dicere*) está de acordo com a lei (*jus*), ou seja, com a ordem. Não julgar, um ensinamento de diversas tradições religiosas, significa libertar-se dessa ordem, que é criação nossa, para conectar-se ao que a precede. É curioso notar que a origem da palavra "*místico*", que associamos a algo *revelador*, é o termo grego *mystikós*, cuja raiz é o verbo *myo*, que significa "fechar os olhos". A revelação do que sustenta o que chamamos de realidade só é possível abandonando a interpretação que fazemos dela.

Imagine uma tribo de ancestrais nossos, há centenas de milhares de anos, anteriores ao surgimento da linguagem falada e escrita. Faça agora o exercício de imaginar-se como um dos membros desta tribo partindo para uma caminhada em uma paisagem que lhe seja hoje familiar, como uma trilha em uma floresta, por exemplo. Você veria as mesmas árvores e pássaros em seus galhos, sentiria o mesmo frio, vento e medo que hoje sente, mas teria muito menos camadas de interpretação do que tem hoje. O diálogo mental que hoje tem, resultado das experiências que viram pensamentos e de pensamentos que viram palavras, não estaria lá. Não haveria a preocupação sobre a história que seria narrada aos seus pares quando retornasse à comunidade, nem a lembrança de histórias já contadas sobre a floresta. Haveria simplesmente o momento presente. Suas experiências pretéritas também estariam ali não como interpretações ou narrativas mentais, mas somente como parte de quem você seria naquele momento. Com todas essas camadas a menos, naturalmente haveria também menos julgamento e, portanto, uma conexão muito maior com a Fonte. Ao contrário do que imaginamos, as referências ancestrais ao divino não vêm de uma ingenuidade intelectual, mas de uma profundidade experimental.

Nunca é demais lembrar que mesmo os conceitos de "ordem" ou "complexidade" são também códigos, padrões, criados por nós. Neste texto, mais precisamente na Segunda Hipótese, considero a possibilidade de as estruturas evoluírem naturalmente para um maior grau de complexidade, dado que as informações são armazenadas através da ordem e que a quantidade de informação é cada vez maior ao longo do tempo. É uma hipótese que pode parecer contrária a uma lei básica da física, a de que a entropia de um sistema — uma medida de *desordem* — tende a aumentar, e não diminuir, espontaneamente. Um copo, por exemplo, ao cair no chão, se quebra em pedaços. O contrário — pedaços de vidro se transformarem em um copo — não aconteceria espontaneamente. Os leitores mais atentos, porém, terão percebido que no copo quebrado a informação da queda foi incorporada ao novo estado do vidro. A forma como os cacos estão espalhados, da forma como vejo, não aumentou a desordem e a aleatoriedade do sistema, mas representa um documento (como se fosse um texto escrito) de tudo o que aconteceu com o copo. O que antes era somente um copo agora é o mesmo copo adicionado à história de uma queda, tudo registrado em seu novo estado (cacos espalhados pelo chão). Talvez não sejamos capazes de compreender ou decifrar essa nova ordem, mas ela está ali.

Faço esta digressão para ilustrar que o que é tido usualmente como desordem e aleatoriedade, neste texto, pode ser visto como ordem e complexidade. Se as visões são a tal ponto antagônicas, uma deve estar equivocada. Qual das duas estaria? A reposta para essa pergunta é simplesmente mais uma interpretação nossa, mais um código, mais uma camada que colocamos entre nós e o que simplesmente é. O copo quebrado em pedaços, antes de ser enxergado e interpretado como a imagem de um copo quebrado, é tudo o que existe. Os conceitos de ordem ou desordem, menos ou mais, pouco ou muito, simples ou complexo, são apenas histórias que criamos sobre o copo para ter a ilusão de que o compreendemos e para, de certa forma, passarmos a possuí-lo. O copo deixa então de ser o copo. Nós passamos a ser o copo.

Talvez muitos físicos e engenheiros tenham deixado de ler este texto quando o conceito de um universo com cada vez mais ordem, e não menos, foi apresentado há alguns capítulos, atentando ousadamente contra uma "lei" da física. Tivesse sido feita naquele trecho, talvez esta mesma digressão pudesse evitar que cessassem a leitura. O incômodo, porém, é proposital. Percebermo-nos vivendo em busca, a todo instante, de atender a uma ordem, que é nossa criação.

Notar o incômodo que o desrespeito a essa ordem gera é libertador. Veja que o convite não é para abandonar a ordem, os códigos, a ciência, o conhecimento, mas percebê-los como o que são e, só então, reconhecendo essas camadas, percebermo-nos a nós mesmos.

O curioso é que esse "perceber" não significa compreender, visualizar ou mesmo identificar quem somos da forma como imaginamos. Isso porque a interpretação de quem somos é simplesmente outra camada. É um "perceber" cuja etimologia remete a "capturar o que acontece através dos sentidos", mas antes de interpretar essa definição. É um fundir-se ao que sustenta a interpretação do "eu sou". É um simplesmente ser.

Uma prática milenar, útil para vivenciar o que existe antes das camadas de interpretação do mundo que criamos, é a meditação, que não à toa recebe esse nome. "*Meditare*" significa estar em seu centro. Não é buscar o centro, caminhar ao centro, descobrir o centro. Porque o centro é exatamente quem busca, caminha e descobre. É estar, antes de interpretar. Quem busca o centro jamais o encontrará, quem repousa e se rende ao que simplesmente é já está nele.

A prática do silêncio é também outra ferramenta útil para se despir de camadas de interpretação de mundo. Um silêncio genuíno, verdadeiro, interno. Que começa, sim, com um silêncio verbal, mas precisa ir muito além para tornar-se verdadeiro silêncio. Uma mente quieta não é uma mente que nada experimenta, pelo contrário. É uma mente que está totalmente disponível a experimentar ao livrar-se da interpretação do que experimenta. É uma mente que sente frio sem dialogar, refletir, interpretar ou medir o frio. É uma mente que sente frio sem que a palavra "frio" surja na mente. Uma mente que abandona a necessidade da ordem (que não julga), porque nada deve. "Livrai-nos das nossas dívidas", diz a oração que convida ao encontro com o Pai. Nesse silêncio, o que você sente não é mais "seu", porque deixa de ser interpretação sua. Não existe mais "meu medo", "meu cansaço", "minha dor". E quando caem essas barreiras que criam a ilusão de separação, cessa o sofrimento como interpretação e resta a fortaleza da Paz, que é capaz de acolher e incluir dor, cansaço, medo, frio e qualquer outra manifestação do ser. Essa é a inteireza, integralidade do ser. Que, aliás, está na origem da palavra *santo*, que quer dizer "inteiro".

5.

O CAPITALISMO E A DITADURA DA ORDEM

"O progresso não é mais do que o desenvolvimento da ordem."

Auguste Comte

Para conseguir escrever este texto precisei firmar um compromisso pessoal logo no primeiro parágrafo: abandonar toda e qualquer expectativa em relação a tudo que seria produzido. Me refiro ao tempo que me tomaria escrevê-lo; à quantidade, qualidade e diversidade de conteúdo; e, principalmente, se um dia ele se tornaria ou não um livro. Queria, simplesmente, deixar registrados os pensamentos. Nem que fosse somente para meu filho e minhas filhas poderem um dia, quando eu não estiver mais com eles, divertirem-se lembrando dos devaneios do pai. Imaginei que seria uma tarefa difícil, mas não imaginava o quanto.

A ordem, sobre a qual tanto falo ao longo do texto, pode ser escravizadora e tornar-nos reféns dela.

Tudo o que escrevi até aqui foi acompanhado de um intenso diálogo mental incrivelmente censor. *Eduardo, não se atreva a escrever sobre assuntos sobre os quais você não é especialista, vai passar vergonha! Apague isso, vai parecer que quer bancar o físico quântico sem ter formação suficiente para isso! Como assim um livro começa falando sobre conceitos de física e depois entra em assuntos ligados à espiritualidade?, certamente será taxado de autoajuda barata! O que você escreveu neste trecho contradiz o que você escreveu antes, vá lá e corrija para demonstrar coerência! Assuntos não podem ser misturados sem critério, como assim falar de capitalismo em um livro que começa falando da lei de conservação de energia? Vários conceitos aqui já devem ter sido escritos por outras pessoas com muito mais propriedade, vai parecer que você é ingênuo, inculto ou, na improvável hipótese de estar correto, simplesmente um plagiador. Um livro de respeito não pode ter menos de duzentas páginas, Eduardo, nem pense em fazer um com este conteúdo que seria adequado, no máximo, para um artigo. Já vai abandonar este assunto sem ter falado quase nada sobre ele? Vai ficar parecendo que teve preguiça, não teve compromisso ou não entende nada sobre o tema. Qual a utilidade de tudo isso que você está escrevendo? Este livro não vai servir para nada de prático. Essa história de dizer que o real é o que existe antes de nossa interpretação, mas que, ao pensar sobre isso, já estamos interpretando, é um jeito esperto para nunca poderem dizer que você está errado, tudo uma grande besteira.* Ah, e esta também: *Está achando que vai escrever essas frases todas para que as pessoas não possam fazer essas mesmas críticas!, não seja infantil.* Por vezes, as vozes foram bem-sucedidas em me censurar e alguns trechos deixaram de ser escritos.

A verdade é que vivemos sob a ditadura da ordem, que nos cobra sempre estarmos dentro do padrão aceito como "correto" ou "adequado". Já escrevemos, ao longo de outros capítulos, o que provavelmente motiva esse comportamento: a necessidade que criamos de tentar prever o que está por vir. Nosso sistema de códigos surge não como uma necessidade de explicar o Cosmos (não é a "curiosidade" que nos move), mas de prevê-lo. Um mecanismo evolutivo, diriam uns, para tornar-nos cada vez mais adaptados e preparados para situações vindouras. Um conceito tido como "correto", portanto, não é aquele que pode decifrar melhor a realidade, mas aquele capaz de prever resultados com maior precisão.

A Interpretação de Copenhague, a mais aceita e comum da física quântica, desenvolvida na década de 20 do século passado, é um ótimo exemplo desse fato. "Cale a boca e calcule!" é a frase famosa da Interpretação, que defendia não fazer sentido especular para além daquilo do que pode ser medido. "Como é a partícula?", "Onde ela estava antes de ser medida?", "Como é possível que esteja em dois lugares ao mesmo tempo?", "Como pode a informação entre elas ser transmitida instantaneamente?" são perguntas sem a menor importância se as equações estiverem sendo capazes de prever o resultado desejado.

Ainda na mecânica quântica, existe outro exemplo emblemático para demonstrar a força da ordem vigente em nosso sistema de códigos e saberes: o conceito da dualidade onda-partícula. Ele afirma que ondas podem se comportar como partículas, e vice-versa. É um exemplo inequívoco de que, mesmo quando observamos fatos que não se encaixam naquilo que criamos como noção de mundo, preferimos proteger nossos códigos, se eles se mantiverem capazes de fazer boas previsões. Veja que criamos o conceito de partícula relacionado a matéria e de onda relacionado a uma perturbação. Ao perceber um comportamento que não se encaixa em nenhuma das duas hipóteses adequadamente (ou que se encaixa nas duas), em vez de questionarmos o conceito de onda e de partícula, simplesmente dizemos que uma pode se comportar como a outra, e vice-versa. Pronto, assunto resolvido! O que há ou não de real pouco importa, afinal Deus não criou nem ondas nem partículas, quem criou ambas (e também Deus), como conceitos, fomos nós. As coisas simplesmente são o que são, e nossa interpretação não tem qualquer poder sobre elas, tem somente sobre nós! Uma onda, com esse nome e formato, só existe para nós. Pode ser que seres de outro planeta não identifiquem ondas ou partículas da forma como identificamos e tenham criado um sistema de códigos com um outro elemento XYZ que substitua ambas por uma coisa só. As manifestações seguem sendo o que são, mesmo que interpretadas de maneiras distintas.

O que imaginamos ter como visão do real é simplesmente a história mais adequada que fomos capazes de criar para prever eventos futuros. E é essa a história sobre a qual se ergue toda a nossa percepção do Cosmos e acaba por tornar-se, para nós, o Cosmos em si! É difícil perceber a diferença entre esses dois conceitos, mas a diferença existe e é paradigmática. Afinal, se nossa realidade é criada para poder prever resultados, mas, ao mesmo tempo, é nossa própria interpretação dos resultados, é provável que estejamos presos a uma enorme armadilha, cuja blindagem nós mesmos criamos.

Com o renascimento e, depois, com o movimento iluminista, a ciência ganhou o poder de escravizar-nos pela imposição da ordem. Me causa desconforto escrever uma frase como esta, e imagino que lê-la provoque o mesmo sentimento. Ainda mais em tempos de pós-verdade, em que grupos extremistas negam a ciência com a finalidade de manipular crenças pessoais para obter dividendos políticos e financeiros. O ponto crucial, porém, é compreender que reconhecer a imposição dessa ordem não implica abandonar nem a ciência nem o método científico. Não significa negar a eficácia das vacinas ou da esfericidade da Terra, e muito menos contestar a mudança climática causada pelos seres humanos. Significa compreender que a ciência nos afastou da conexão com o que não pode ser medido. Passamos a enxergar incerteza como algo ruim, e a temê-la. Foi a morte de Deus, Fonte de infinitas possibilidades e, portanto, pura Incerteza. O dicionário define "certo" como o que "não é passível de dúvidas", algo cuja sabedoria humana é capaz de compreender e dominar em sua integralidade. Deus definitivamente é incerto. *É certo que Deus é incerto.*

Distanciar-nos do que pode ser experimentado e limitar-nos somente ao que atende ao nosso sistema de códigos criou uma fissura existencial profunda no ser humano. Como essa fissura não pode ser medida, é ignorada ou negada pela ciência. E, aproveitando-se do sentimento de incompletude e desconexão que dela brotam, surgiu todo um sistema: *o capitalismo.*

Antes de seguir adiante, perceba como as últimas frases deste texto podem incomodar. "Como assim relacionar a ciência ao capitalismo, o autor está misturando alhos com bugalhos!" "Colocar a culpa dos males do capitalismo na ciência é irresponsável." "Se não fosse pelo avanço da ciência estaríamos ainda sofrendo de males que nos atormentavam por toda uma vida." Tente agora notar como exatamente esse mesmo incômodo pode ser fruto de uma fidelidade involuntária que passamos a ter a essa ordem, imposta pela ciência e por nosso sistema de códigos.

Não temerei o risco de me repetir ao frisar que minha intenção não é negar os ganhos que a ciência foi capaz de nos trazer. Mas veja que o próprio conceito de "ganho" utilizado nesta frase é fruto de uma ordem estabelecida que sequer ousamos questionar. A ciência nos promete viver mais tempo, viajar mais rápido, enxergar mais longe, conhecer mais lugares e pessoas, ter mais conforto... Aprendemos que isso é bom e, portanto, devemos desejar mais e mais. Viver 100 anos é melhor do que viver 60, afinal "ganhamos" 40 anos. Pousar uma nave espacial em marte é melhor do que na lua. Ter mil amigos é melhor do que ter dez. Parece tão óbvio que apenas colocar o assunto em discussão constrange. No entanto, povos originários que vivem até hoje em aldeias isoladas não parecem ser mais angustiados do que moradores de Tóquio ou Nova York por não terem televisores de LED, relógios inteligentes, lençóis de 400 fios ou expectativa de vida maior.

Ainda sobre povos originários, é curioso notar que questionamos sua evolução civilizatória analisando, por exemplo, suas crenças em mitos e lendas que são para nós fantasiosos. "Como podem acreditar que o sol se uniu à lua para fazer o homem?" Sem perceber, estamos agindo como reféns de nossa concepção de ciência e transferindo para outros o nosso sistema de códigos. "Acreditar" é um código nosso. Assim como o entendimento de que uma verdade histórica é melhor do que uma história de verdade. Incorporar uma lenda à sua cultura é diferente de acreditar nessa lenda. Também não significa não acreditar e saber que é simplesmente uma lenda. É simplesmente diferente.

Talvez não seja coincidência o capitalismo ter surgido junto com o renascimento. Talvez não seja coincidência o genocídio dos povos originários ter ocorrido logo após haver o surgimento do capitalismo. O sistema que se alimenta da percepção de escassez não tolera modelos de sociedade que não consigam enxergar a possibilidade do amanhã ser *melhor* do que hoje. E, para ter essa percepção, a de que amanhã será melhor do que hoje, é necessária a clara noção de *progresso*. E este, por fim, segundo o pensador francês Auguste Comte, nada é além do desenvolvimento da *ordem*. Passamos então a entender que a natureza do ser só deveria ser analisada também através do método científico. Criou-se, então, o paradoxo: a ordem que criamos tenta descobrir sua própria origem. Só que tudo que consegue alcançar é a si mesma limitada, pelo fato de ser, ela própria, a ordem, a buscadora, e também, ela própria, a ordem, o seu limite.

A promessa de progresso que faz a ciência traz consigo um direcionamento qualitativo do tempo: o amanhã será melhor do que hoje. De onde se conclui que o momento presente é meio, e não fim. Conclui-se também que há algo de novo e de bom que terei amanhã e, portanto, me falta hoje. Devemos desejar que o tempo passe, quanto mais rápido melhor.

Ao prometer entregar progresso e ordem, o capitalismo ilude-nos com a possibilidade de controlar nossa sorte, afinal a ordem existe como ferramenta para prever o que está por vir. O sistema então alimenta-se do sentimento de incompletude e de escassez de seres cada vez mais distantes de sua natureza. Seres que "sabem" cada vez mais e "sentem" cada vez menos.

Se você tiver tal carro, vestir tal roupa, morar em tal bairro, tiver tal emprego, estudar em tal faculdade, namorar tal garoto ou garota e dominar tais habilidades, então, e somente então, terá controle sobre sua vida. Ser feliz neste sistema significa eliminar toda e qualquer incerteza, uma impossibilidade útil. Curiosamente a etimologia de *felicidade* está diretamente conectada à da palavra *fertilidade*, que remete a um campo de muitas possibilidades. A felicidade depende da incerteza. O capitalismo, ao direcionarmo-nos em sentido oposto, rouba-nos essa possibilidade.

6.

VIDA E MORTE

"Morrer é fechar os olhos
para ver melhor."

José Martí

Nossa noção de morte está diretamente relacionada às ideias que temos de vida e de tempo. Imaginamos vida como sendo algo que carregamos conosco. Algo que pode ser possuído, contado. A "*minha* vida", costumamos dizer. "Perderam-se *dezenas* de vidas naquela tragédia", dizemos também. Se algo pode ser possuído, pode, portanto, ser perdido. Se pode ser somado, pode também ser subtraído.

Discutimos, porém, em outras partes deste texto, que o que chamamos de "vida" é, na verdade, a manifestação da Fonte através de organismos que têm o grau necessário de complexidade para que isso aconteça. Vida, portanto, não pode ser somada nem possuída, e não tem contornos nem fronteiras como uma cadeira, por exemplo. Mas a que então chamamos de "morte", se ela não significa "fim" da vida? Chamamos de morte a inaptidão definitiva de um organismo para manifestar vida. O fim do período da ordem (organismo) e início de um período de reorganização (decomposição), no qual não é mais possível a manifestação da Fonte. E por que nós, seres humanos, tanto tememos e evitamos a morte?

Evitamo-la, assim como qualquer outro organismo, porque "ser" significa manifestar. Para que um "ser" possa existir como "vivo", é preciso que a Fonte encontre nele a possibilidade de manifestar-se. Seria curioso se essa manifestação ocorresse para aniquilar-se ou impossibilitar-se. Evitamos a morte porque somos a manifestação da vida, simples assim.

Mas por que a tememos tanto? Essa, talvez, a pergunta que mais importe em nossa existência. Fonte de muito sofrimento, o temor da morte molda as características de nossa existência como espécie. E a resposta a essa pergunta é também simples: tememos com a morte perder a condição de seres conscientes. Tememos perder as lembranças, os saberes, os apegos que construímos ao longo da vida. Tememos, portanto, perder a ordem!

É curioso e até ingênuo imaginar que o que chamamos de consciência seja o grau maior de liberdade de manifestação da Fonte. Pense que o processo evolutivo que tem adicionado complexidade e ordem aos organismos ao longo de centenas de milhões de anos permitiu-nos, somente nos últimos estágios desta evolução, quase que contínua, a percepção de vermo-nos como cientes. Parece pouco provável que este seja o "fim da linha", ou seja, que não exista nada além do que chamamos de consciência. É natural, porém, que sejamos iludidos pela percepção de estarmos no topo desse processo, pois as mesmas ferramentas que nos dão a ciência colocam-se como obstáculos para pensarmos além.

É difícil, portanto, imaginar como é esse "além" e também nos desapegar do que nos é concreto, palpável. Tentemos, mesmo que através de uma alegoria cheia de imperfeições, compreender o conceito de ir "além" ou, como já disse, ter mais graus de liberdade.

Imagine-se experimentando uma série de armaduras, como aquelas utilizadas pelos cavaleiros medievais. A primeira que você experimenta não permite o movimento de qualquer articulação e está com a viseira enferrujada, impedindo que você consiga levantá-la para poder enxergar. A segunda permite que você movimente somente as pernas (mas não os joelhos) e tem a viseira também fechada, impedindo sua visão. A terceira permite que além das pernas você movimente os joelhos. Após vestir várias armaduras, você finalmente veste uma que lhe possibilita mexer todas as articulações e também levantar a viseira para enxergar. O que cada armadura está lhe dando a mais são graus de liberdade para manifestar-se.

Imagine agora que você tenha nascido dentro de uma dessas armaduras, por exemplo, na que permite apenas o movimento das pernas. Apesar de, como "fonte", você ter potencial para ir muito além, a estrutura que usa para manifestar-se só permite que descubra determinadas possibilidades. Estas, provavelmente, compreenderiam a totalidade do que você conseguiria imaginar ser capaz de realizar como fonte. Mas veja que mesmo a última armadura

— a que, além de oferecer boa visão, permite que todas as suas articulações se movam — funcionaria, na verdade, como um limitador daquilo que você, como fonte da manifestação, seria capaz de realizar. Retirá-la lhe daria mais liberdade, e não menos. Em outras palavras, não há nada que a armadura faça que você, como fonte, não tenha a capacidade de fazer, mas existem muitas coisas que você poderia fazer livre dela, mas ela impede.

Por outro lado, você pode imaginar, usando a mesma alegoria, que fora da armadura não teria a estrutura necessária para manter-se de pé, ereto, por não ter uma musculatura forte o suficiente para isso. Ou seja, ao funcionar como um exoesqueleto, a armadura seria exatamente o que lhe daria a possibilidade de manifestar-se. É certo que, sem você como fonte, a armadura não teria "vida"; mas sem a armadura como ferramenta, meio, você também não se manifestaria. É uma possibilidade. De toda forma, veja que, mesmo neste caso, você existiria além da armadura. Talvez, sem perceber-se existindo. E é este o nosso maior medo, não nos percebermos mais existindo.

É uma alegoria, como disse, imperfeita e incompleta. Quase infantil. Mas útil para refletir sobre o tema, desde que estejamos cientes da limitação implícita em racionalizar o que está além da razão.

Me parece claro que a vida siga existindo como Fonte para além da forma como a vemos manifestada. E também que essa Fonte não seja subtraída pelo evento da morte nem acrescida pelo nascimento de um organismo. O que se coloca como mistério é se (e como) ela se percebe e se manifesta além (antes e depois) da provisoriedade do organismo.

Se a consciência é fruto de um processo fisiológico, é como o exemplo em que precisamos da armadura para mantermo-nos de pé. Se a consciência é "usuária" da mente, mas não a mente em si, é como o caso da armadura que nos limita e além da qual, ao nos libertarmos, somos capazes de ir.

É compreensível haver o temor de não sermos capazes de nos perceber após a morte. Somos, possivelmente, como percepção de indivíduo, a soma de nossas lembranças e experiências, o padrão mental resultante da combinação de todos os padrões que acumulamos durante nossa existência. O Ego é a ordem que construímos. A possibilidade de renunciar às lembranças e experiências acumuladas, à ordem, ao Ego, é compreendida naturalmente como a dissolução de quem somos. O que, no entanto, não precisa ser compreendido como algo ruim. Isso me remete à antiga alegoria do oceano que, ao perceber-se como onda, confunde manifestação e fonte manifestada, e teme desaparecer após estourar. Após estourar, porém, a onda funde-se de volta ao oceano, que contém em si todas as ondas. A finitude da manifestação é o que permite desfazer a ilusão da separação e compreender-se Maior.

Vimos na Primeira Hipótese que cada evento tem em si a presença de tudo o que já aconteceu, um desdobramento da Ação Primeira, fruto da Intenção Primeira. A Fonte tem em si, portanto, a Memória maior (ou Ordem maior), aquela que contém, como unidade, tudo o que já aconteceu, a figura formada por todas as peças do dominó quântico que já quedaram. Memória que inclui, como oceano, as memórias menores, como ondas. E a esta memória nos fundimos. Não há perda, somente libertação.

7.

ENFIM...

"Se, encontrando a Desgraça e o Triunfo,
conseguires tratar da mesma forma
a esses dois impostores..."

Rudyard Kipling, "Se"

Que liberdade seria poder terminar um texto a qualquer instante sem qualquer expectativa. Dar-se por satisfeito pelo que escreveu e só isso bastar. Não contar quantas palavras ou capítulos foram escritos nem especular sobre o que os outros pensarão daquilo. Terminar e simplesmente dormir um sono tranquilo. A mim, parece quase utópico.

A arte nos permite um bendito suspiro. Uma fuga dessa prisão. Ela nos lembra que uma tela não precisa ser refém de um desenho que retrate com precisão os detalhes de uma cena. A tela pode ser rasgada, rabiscada, torcida e esticada. E tudo bem. A arte é a possibilidade de transbordarmos sem nos preocuparmos. De fazermos sem precisarmos. De sermos, simplesmente.

Mas a arte é alvo da tradição e sofre para sobreviver. Só se salva se ela vira também tradição. Se é incorporada à ordem. Se pode ser avaliada como boa ou ruim. Se pode ser vendida e valorizada. Se pode ser possuída.

Nós nos apegamos à tradição porque ela nos dá a falsa impressão de controle do que está por vir. Afinal, se tudo seguir como está, consigo prever como será o amanhã. Conservemos, então, as coisas como elas são, nos convida a tradição. Livremo-nos do novo, não precisamos do incerto em nossas vidas. Se essa incerteza for Deus, rebatize-O então como diabo, para que O temam e Dele se afastem. Às nossas correntes, vendas, dogmas, a estas, sim, batizemos com o nome de Deus, para que louvem e venerem aquilo que não permite ir além. Tudo em nome da ordem e da falsa impressão de domínio, controle.

Reparem que o novo ao qual me refiro aqui não quer dizer moderno ou melhor. Significa o que não deve coerência ou satisfação ao que veio antes. É o que escapa da ordem e só assim abre um campo de infinitas possibilidades, incluindo até aquelas presentes na tradição — só que neste caso como opção, e não prisão. O convite que apresento é fazer da vida uma obra de arte. Deixar o barro ser moldado continuamente pelo sopro da Incerteza e tornar-se, em vida, as ranhuras de Deus.

Poder parar e sentir-se inteiro. E só então caminhar. Ou não.

Recentemente me dei conta de que, por mais que desesperadamente eu estude centenas de assuntos, como tento fazer, jamais saberei o suficiente para estar no controle. Por mais que viaje por todos os cantos do mundo, ainda assim irei partir sem conhecer milhares de praias paradisíacas, templos históricos, paisagens de tirar o fôlego e pessoas interessantíssimas. Percebi que a angústia que sempre tive por fazer mais me levou longe, mas também alimentou o sentimento de incompletude que me tortura.

Olho para meus filhos e me encho de saudades de tudo que deixei de viver enquanto me preocupava em adiantar tarefas para garantir ter essa oportunidade um dia. Hoje percebo que, se um dia essa oportunidade chegar, eles, como eram, já terão partido.

A casa maior, o carro mais confortável e as roupas mais caras só terão servido para me afastar de tudo aquilo que era simples e fácil de viver.

Quero um dia realizar que está tudo aqui, agora. Estava lá, já no tempo em que o lá era aqui, e eu não pude perceber.

A Liberdade requer que quebremos as correntes da ordem. Há nisso, porém, uma armadilha. Não significa transformar a vida em "desordem", que é somente um nome diferente para outro tipo de ordem. Isso seria uma liberdade minúscula. A Liberdade maiúscula é aquela que nos permite abandonar a prisão, e não somente trocar de cela. "A prisão não são as grades, e a liberdade não é a rua; existem homens presos na rua e livres na prisão", dizia Mahatma Gandhi.

Subvertamos a ordem não para criarmos uma outra, a "nossa". Subvertamo-la para sermos a Paz.

Este livro foi composto na tipografia Minion Pro,
em corpo 12/18, e impresso em
papel off-white no Sistema Cameron da
Divisão Gráfica da Distribuidora Record.